普通高等学校“十四五”规划数字装配式建筑系列教材

装配式钢筋混凝土
框架结构免支撑施工设计基础

主编◎苏　江　宝鼎晶（学校）
邹芝芳（企业）

主审◎郭保生　袁富贵（学校）
丁光富（企业）

华中科技大学出版社
中国·武汉

图书在版编目(CIP)数据

装配式钢筋混凝土框架结构免支撑施工设计基础/苏江,宝鼎晶,邹芝芳主编. —武汉:华中科技大学出版社,2023.9
ISBN 978-7-5680-9868-7

Ⅰ.①装… Ⅱ.①苏… ②宝… ③邹… Ⅲ.①装配式混凝土结构-钢筋混凝土结构-施工设计 Ⅳ.①TU375.04

中国国家版本馆 CIP 数据核字(2023)第 174047 号

装配式钢筋混凝土框架结构免支撑施工设计基础
Zhuangpeishi Gangjin Hunningtu Kuangjia Jiegou Mianzhicheng Shigong Sheji Jichu

苏 江 宝鼎晶 邹芝芳 主编

策划编辑:胡天金
责任编辑:王炳伦
责任校对:刘 竣
封面设计:旗语书装
责任监印:朱 玢
出版发行:华中科技大学出版社(中国·武汉) 电话:(027)81321913
武汉市东湖新技术开发区华工科技园 邮编:430223
录 排:华中科技大学惠友文印中心
印 刷:武汉市洪林印务有限公司
开 本:787mm×1092mm 1/16
印 张:4.25
字 数:100 千字
版 次:2023 年 9 月第 1 版第 1 次印刷
定 价:40.00 元(含培训手册)

前　言

装配式建筑是将所有预制构件在现场拼装完成的建筑工程，其集成了先进、省时、节约人力等方面的优点，于20世纪80年代迅速兴起，被广泛应用于各种工业与民用建筑之中，极大地推动了当时的建筑行业发展。限于当时的设计水平和施工工艺无法达到现代建筑物的居住和功能要求，装配式建筑逐渐衰落。2015年后，随着数字智能化工具的发展、施工工艺水平的提高、设计规范的完善、行业法律法规的健全，建筑业逐步向智能建造方向转型，装配式建筑重新进入行业视野。

装配式建筑按其结构形式可分为装配式框架结构、装配式剪力墙结构、装配式框-剪结构等。其中，装配式框架结构一般由预制框架柱、预制框架梁、预制楼板、预制楼梯等构件组成，这种结构体系的传力路径简单明确，可适用于大部分工业与民用建筑。

目前，装配式框架结构包括混凝土框架、钢框架、混合框架结构体系三种。混凝土框架体系一般采用预制柱、叠合梁，节点采用现浇的方式，其造价较低，但现场节点套筒灌浆作业量大，施工质量难以保证，施工周期较长，不利于提升施工效率。钢框架体系一般采用矩形钢管柱或H形钢柱，节点采用全焊接或翼缘焊接、腹板栓接的方式，其施工周期较短，但建设成本较高，且需要采取防火、防腐等措施。混合框架结构体系一般采用钢材连接头的预制梁、预制混凝土或型钢混凝土柱，节点采用钢结构的形式，其现场安装简单快捷，有利于缩短施工周期。

对于装配式混合框架结构体系，目前相对成熟的做法可参考《装配式劲性柱混合梁框架结构技术规程》(JGJ/T 400)、《约束混凝土柱组合梁框架结构技术规程》(CECS 347：2013)等。

本书介绍了一种新型装配式混合框架结构体系(PHF建筑体系)，包括其结构设计思路、施工方法、预制生产等内容。这种体系无须采用大量脚手架支撑，核心技术包括梁柱插入式螺栓拼接节点、连接单元构造。相信本书对装配式建筑施工的从业人员、建筑企业设计人员和学者都具有非常好的参考、学习意义。

本书由学校与企业联合编写，苏江、宝鼎晶、邹芝芳主编；郭保生、袁富贵、丁光富主审。具体参与编写人员如下：前言、第1章由苏江、邹芝芳编写，第2章由郭保生、丁光富编写，第3章由宝鼎晶、袁富贵、宋钰莹编写，第4章由赵蓓蕾、张宏宇、李淑敏编写，第5章由唐艳、张振航、黄杰俊编写，第6章由查后香、谭紫、张佳苗编写，第7章由陈洪艳、刘晓倩、黄珏编写。其中，广东白云学院的学生胡晓琳、梁嘉红、黄楚城、麦康权、刘德峰、陈宝楹、殷兆芝、王丹彤、潘思文、袁伟民、冯伟军等负责了收集、编辑图片及绘制本书配图的工作。

2023年2月18日

目　　录

第1章　引言 …… 1
1.1　装配式钢筋混凝土框架结构免支撑施工技术原理 …… 1
1.2　装配式钢筋混凝土框架结构免支撑施工技术特点 …… 2
1.3　装配式钢筋混凝土框架结构免支撑施工技术应用前景 …… 2
第2章　梁柱插入式螺栓拼接节点 …… 5
2.1　梁柱插入式螺栓拼接节点结构原理 …… 5
2.2　梁柱插入式螺栓拼接节点的组成及受力分析 …… 6
2.3　梁柱插入式螺栓拼接节点生产工艺 …… 10
第3章　预制混凝土梁柱的钢结构榫卯连接 …… 13
3.1　榫卯结构的连接原理 …… 13
3.2　预制混凝土梁柱的钢结构榫卯连接技术 …… 18
第4章　免支撑施工混凝土结构连接单元的构造 …… 21
4.1　梁头连接单元 …… 21
4.2　主次梁连接单元 …… 23
4.3　柱脚连接单元 …… 23
第5章　免支撑施工装配式钢筋混凝土叠合楼板 …… 26
5.1　免支撑施工叠合楼板的构造要求 …… 26
5.2　免支撑施工叠合楼板的受力 …… 27
5.3　免支撑施工叠合楼板的生产 …… 28
第6章　免支撑施工钢筋混凝土框架结构梁柱设计 …… 30
6.1　免支撑施工钢筋混凝土框架梁的设计 …… 30
6.2　免支撑施工钢筋混凝土框架柱的设计 …… 31
6.3　免支撑施工钢筋混凝土框架梁柱节点的设计 …… 31
第7章　免支撑施工钢筋混凝土框架结构的生产与施工 …… 33
7.1　免支撑施工钢筋混凝土框架结构的生产 …… 33
7.2　免支撑施工钢筋混凝土框架结构的施工 …… 38
7.3　免支撑施工钢筋混凝土框架结构安装施工的流程 …… 39

第1章 引　　言

1.1 装配式钢筋混凝土框架结构免支撑施工技术原理

装配式钢筋混凝土框架结构免支撑施工技术是一种无须采用大量脚手架支撑的装配式钢筋混凝土框架结构的施工技术。该技术的核心是钢连接头和拼接节点的整体构造。

钢连接头材料为工字钢，如图 1-1 所示，连接头上、下端均超出梁柱节点域设置，并在工字钢外围分别设置了上、下两块水平隔板，隔板之间用竖向连接板连接。

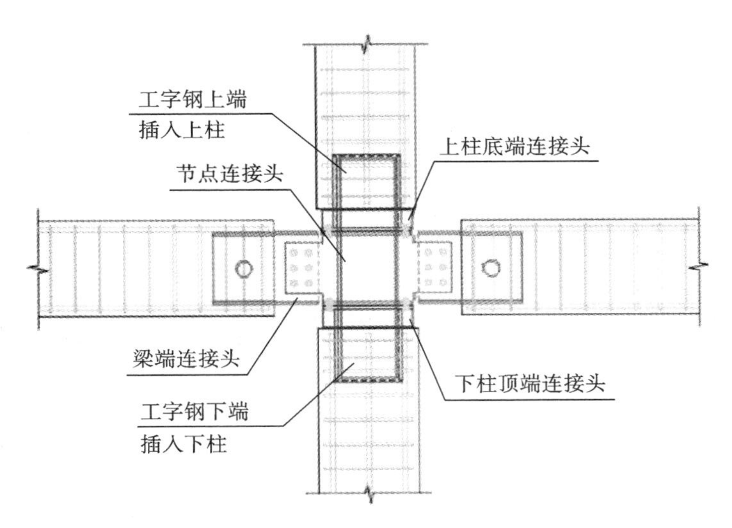

图 1-1　拼接节点钢连接头示意

此处的拼接节点指的是一种装配式混凝土梁柱插入式螺栓拼接节点[①]。该拼接节点由混凝土预制梁、柱，梁柱连接头和若干紧固件组成。梁柱连接头两端和混凝土预制柱形成榫卯结构，而梁柱连接头和预制叠合梁通过连接板快速拼接，各连接部位通过紧固件固定连接，实现大偏心受压预制梁、柱的拼接。

① 引自发明专利《装配式混凝土梁柱插入式螺栓拼接节点及制作施工方法》(湖南圣堡住宅工业有限公司)。

这种连接方式称为螺栓干式连接，优越性体现在以下 3 点。

①能够有效地增强预制梁、柱连接部分的抗弯性能，同时可提高施工便利性和安全性。

②施工费用比套筒灌浆连接的费用要低，可节省约 20％的施工成本、60％左右的施工工期。

③可以在梁、柱接头独立设置，无须考虑梁、柱的连接方向，可以达到批量化、规模化生产要求，从而提高装配式建筑施工效率。

1.2 装配式钢筋混凝土框架结构免支撑施工技术特点

依据我国现行建筑设计图集《装配式混凝土结构连接节点构造(框架)》(20G310-3)的要求，安装预制混凝土梁柱时需要大量的脚手架支撑。而脚手架支撑费用相对较高、施工速度较慢，延长了施工工期，降低了装配式建筑工程的施工效率，限制了装配式建筑施工的适用范围。

装配式钢筋混凝土框架结构免支撑施工技术是采用钢结构榫卯连接预制混凝土梁柱的施工方法，在增强预制混凝土梁柱连接部分抗弯性能的同时，也给安装带来很大的便利。该技术可提高施工效率，施工安全性较高，成本相对较低，其在装配式混凝土梁柱连接中采用的插入式螺栓拼接节点，代替了传统装配式技术的灌浆套筒的连接方式，避开了灌浆套筒生产精度高的要求，从而降低了施工难度。这种螺栓干式连接作业实现了装配式建筑施工中梁柱节点拼装的便捷性和快速性，并可通过肉眼识别的方式，直观地把控连接件安装的牢固度，给装配式框架体系的发展带来了新的思路。

1.3 装配式钢筋混凝土框架结构免支撑施工技术应用前景

目前，装配式钢筋混凝土框架结构免支承施工技术的研究已取得突破性进展，涌现出多项发明专利。装配式钢筋混凝土框架结构体系(下称 PHF 建筑体系)的发展也已逐步完善，该体系包括了 PHF 国标体系、PHF 强抗震体系、PHF 框剪体系、PHF 地基体系。如图 1-2 所示。

此外，PHF 建筑体系的应用也在逐步推广到其他领域，并取得较好成果。如图 1-3～图 1-7 所示。

PHF 建筑体系不仅具备混凝土框架结构的稳定性和耐久性，能够解决钢结构防腐、防火的技术难题，还拥有钢结构工业厂房的标准化生产、快捷性施工的优势。

结合以上诸多应用成果，可以看出 PHF 建筑体系在工业厂房建设、城市标准化公共空间建设领域有较大的应用潜力和运用优势，是值得推荐的一种新型建筑体系。

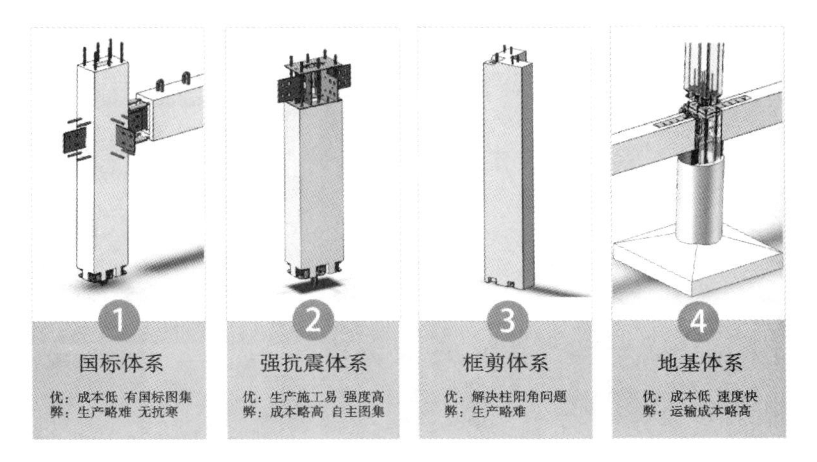

图 1-2　PHF 建筑体系

图 1-3　山西大同某工业厂房应用案例

图 1-4　河南商丘民权春蕾小学宿舍

图 1-5　广西桂林老旧小区改造的电梯加装

图 1-6　湖南长沙城市公共卫生间

图 1-7　湖南怀化黄岩景区民宿酒店

第 2 章　梁柱插入式螺栓拼接节点

2.1　梁柱插入式螺栓拼接节点结构原理

装配式混凝土梁柱插入式螺栓拼接节点[①]是由混凝土预制梁、柱，梁柱连接头和若干紧固件组成。梁柱插入式螺栓拼接节点示意如图 2-1 所示。

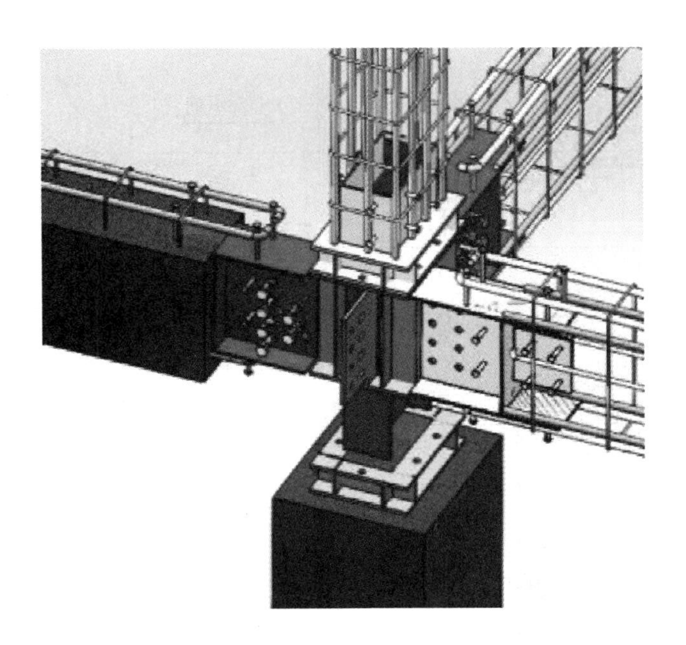

图 2-1　梁柱插入式螺栓拼接节点示意

这种连接方式的显著特点是装配式钢筋混凝土框架结构可以通过梁端钢连接头与柱内预埋刚节点连接，实现梁与混凝土柱的连接。同时还保证钢筋混凝土段的钢筋屈服之前，钢连接头不发生屈服。由这种节点构成的装配式钢筋混凝土框架结构体系，综合了混

① 引自发明专利《装配式混凝土梁柱插入式螺栓拼接节点及制作施工方法》(湖南圣堡住宅工业有限公司)。

凝土结构和钢结构的优势，能够有效地提高施工效率、降低工程造价。

基于此，中国建筑科学研究院对该连接方式进行了如下优化。

(1)将节点连接头与柱顶端连接头合并，对节点连接头构造进行优化，以方便制作。

(2)细化梁端连接头伸出混凝土梁内的连接构造，建议梁端连接头与节点连接头优先采用翼缘焊接、腹板栓接的形式，同时提出全栓接的构造。

(3)上、下层柱优先采用螺栓连接，并提出配套的制作及安装工艺要求。

(4)提出跨层预制柱方案及配套的上、下段柱连接节点的构造。

2.2 梁柱插入式螺栓拼接节点的组成及受力分析

2.2.1 梁端连接头拼接节点

梁端连接头采用工字钢，与节点域的连接可采用翼缘焊接、腹板栓接，也可采用全栓接。如图 2-2～图 2-4 所示。

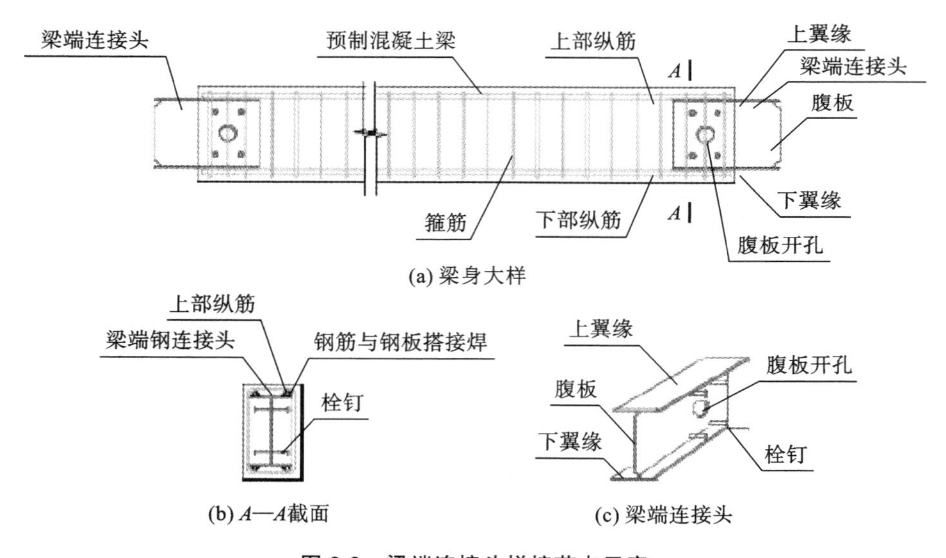

图 2-2 梁端连接头拼接节点示意

2.2.2 柱端连接头拼接节点

柱端连接头可采用工字钢，也可采用矩形钢管。如图 2-5、图 2-6 所示。

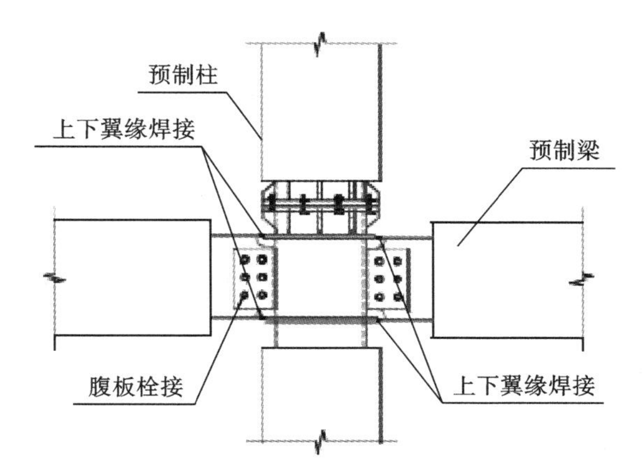

图 2-3　梁端连接头与节点域翼缘焊接、腹板栓接

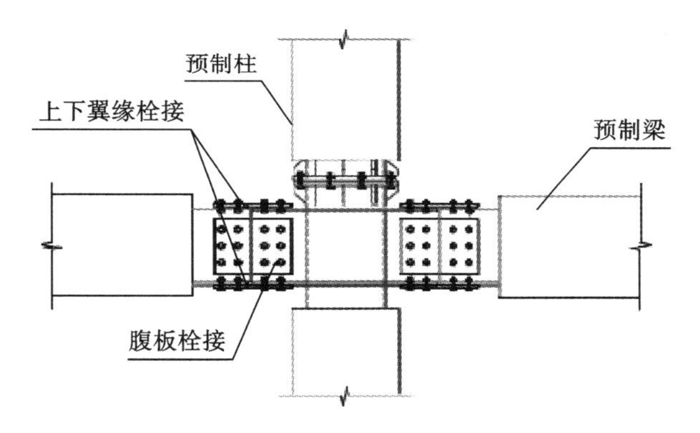

图 2-4　梁端连接头与节点域全栓接(翼缘连接板式栓接)

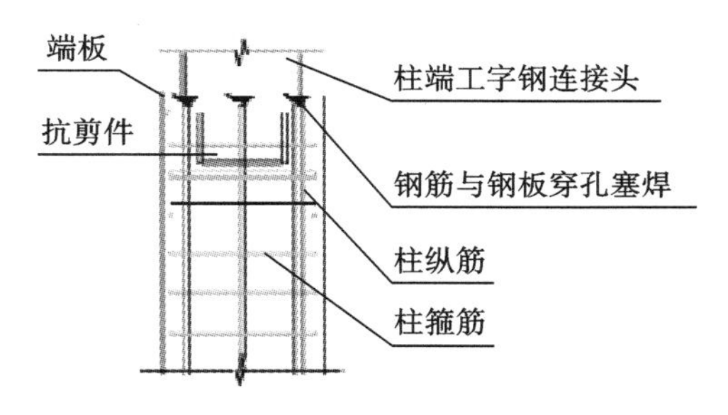

图 2-5　柱端连接头与混凝土柱连接构造(工字钢连接)

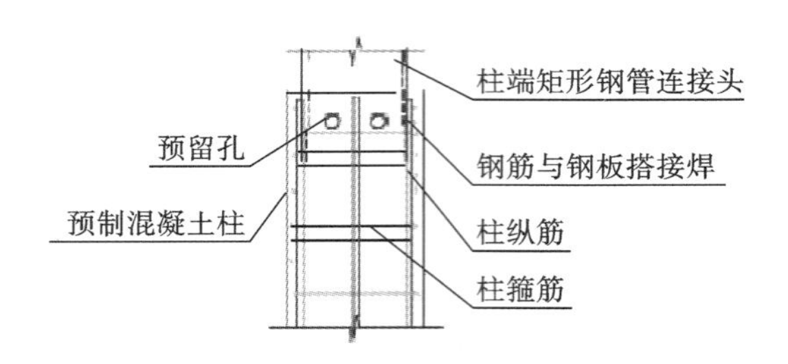

图 2-6 柱端连接头与混凝土柱连接构造(矩形钢管连接)

2.2.3 梁柱插入式螺栓拼接节点受力分析

梁柱插入式螺栓拼接节点(包含连接头的梁柱构件)进行设计时,涉及构件破坏位置验算、强剪弱弯验算、强柱弱梁验算以及有限元分析。

1. 破坏位置验算

如图 2-7 所示,梁的破坏位置可能发生在 3 个截面,梁连接头外露部分 1—1 截面、连接头埋置部分 2—2 截面、钢筋混凝土部分 3—3 截面。梁柱插入式螺栓拼接节点需要保证梁破坏位置位于钢连接头外露部分的端部,即 1—1 截面。

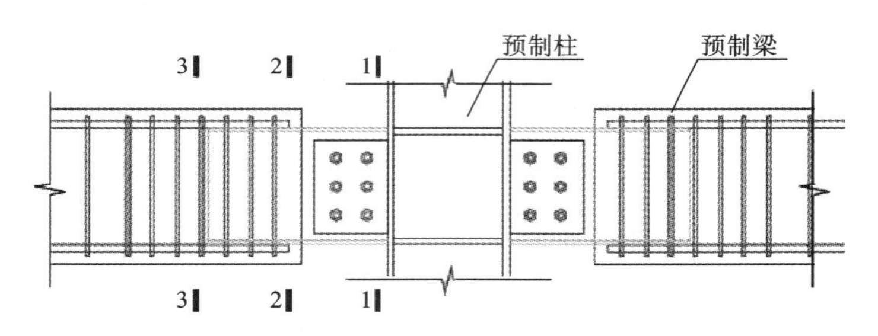

图 2-7 梁的破坏位置示意

如图 2-8 所示,柱的破坏位置可能发生在 2 个截面,柱连接头外露部分 1—1 截面、钢筋混凝土部分 2—2 截面。梁柱插入式螺栓拼接节点需要保证柱破坏位置位于柱的钢筋混凝土部分,即 2—2 截面。

2. 强剪弱弯验算

梁的截面受剪承载力应大于 1.2 倍钢连接头全塑性受弯承载力对应的剪力,即梁的截面受剪承载力:

$$V_{pb} > 1.2\frac{M_b}{l_b} \tag{2-1}$$

式中:V_{pb}——梁的截面受剪承载力;

M_b——钢连接头全塑性受弯承载力;

l_b——梁的跨度。

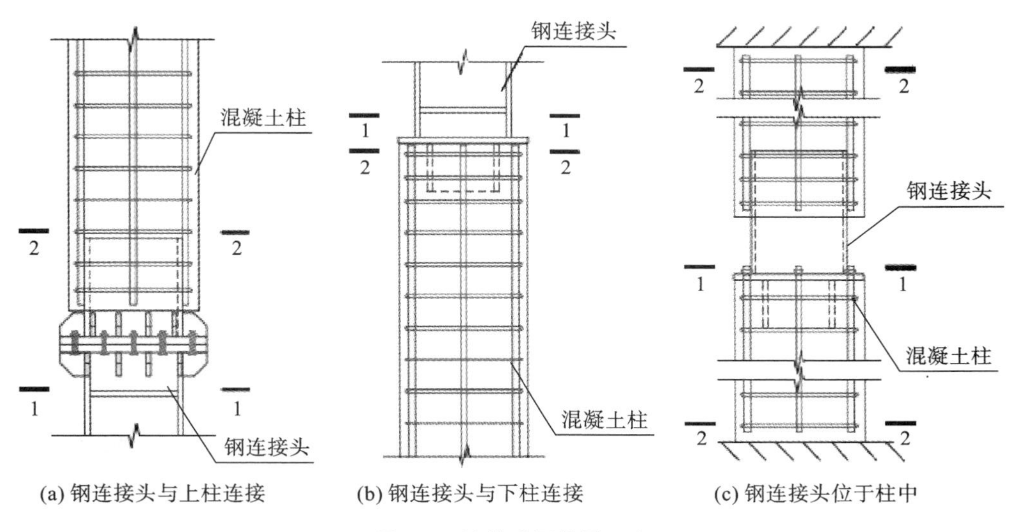

(a) 钢连接头与上柱连接　(b) 钢连接头与下柱连接　(c) 钢连接头位于柱中

图 2-8　柱的破坏位置示意

柱的截面受剪承载力应大于 1.2 倍的柱端受弯承载力对应的剪力，即柱的截面受剪承载力：

$$V_{pc}>1.2\frac{M_c}{l_c} \tag{2-2}$$

式中：V_{pc}——柱的截面受剪承载力；

M_c——柱端受弯承载力；

l_c——柱计算长度。

3. 强柱弱梁验算

柱端的受弯承载力应大于 1.5 倍的梁端受弯承载力，即梁端受弯承载力：

$$M_c>1.5M_b \tag{2-3}$$

4. 有限元分析

通过有限元软件 ABAQUS 对各节点进行有限元分析，分析结果如图 2-9 所示。

从图 2-9 中可知，框架柱的混凝土损伤较小，柱子纵筋未发生屈服，节点模型的破坏位置靠近梁连接头外露部分端部，且达到全截面塑性，混凝土梁发生轻微损伤，与理论计算结果的破坏形态和破坏位置一致。有限元模拟的承载力与理论计算的承载力误差约为 10%，表明所采用的梁柱连接节点设计方法合理。

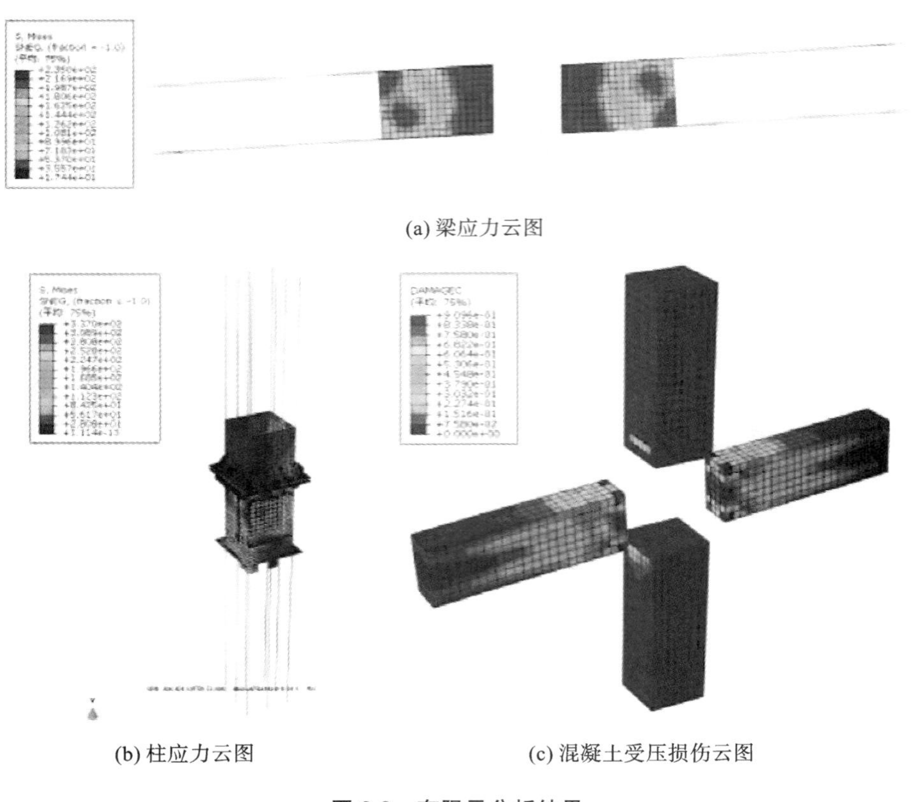

(a) 梁应力云图

(b) 柱应力云图

(c) 混凝土受压损伤云图

图 2-9　有限元分析结果

2.3　梁柱插入式螺栓拼接节点生产工艺

梁柱插入式螺栓拼接节点域的构造如图 2-10～图 2-12 所示。

在此三类梁柱插入式螺栓拼接节点方案中，混合梁的生产工艺和翼缘焊接、腹板栓接的施工工艺已相对简单、成熟，而节点构造的生产和施工工艺较为复杂，难点主要集中在上下柱的法兰板连接。

从生产方面及施工工艺方面提出了如下解决方案。

①生产方面。同一平面位置、相邻楼层的柱采用同时生产的方式（如图 2-13 所示），即生产时，将相邻楼层柱子连接头的法兰板预先通过螺栓临时连接，然后控制至少连续两层柱子的垂直度，当模具调整固定且满足精度要求后，再统一浇筑混凝土。如此，可保证柱子成型后，相邻柱子的法兰板安装精度及柱子的垂直度满足要求。

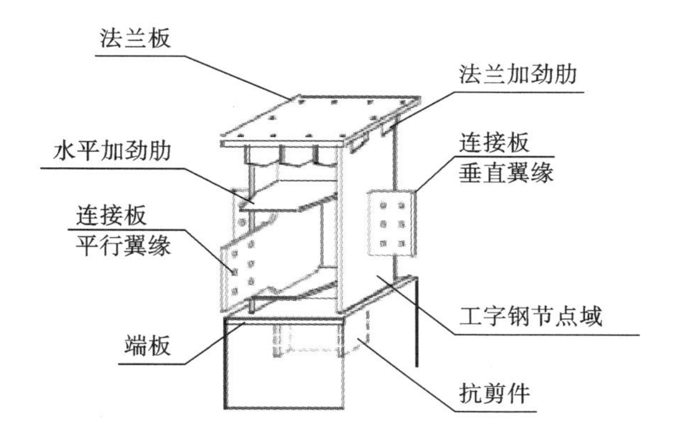

图 2-10　工字钢节点域

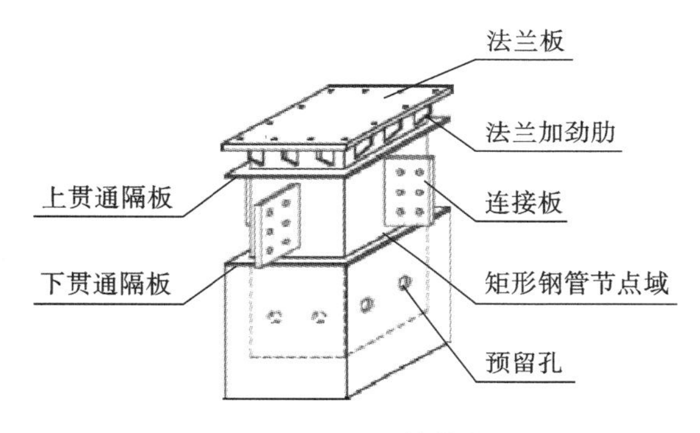

图 2-11　矩形钢管节点域

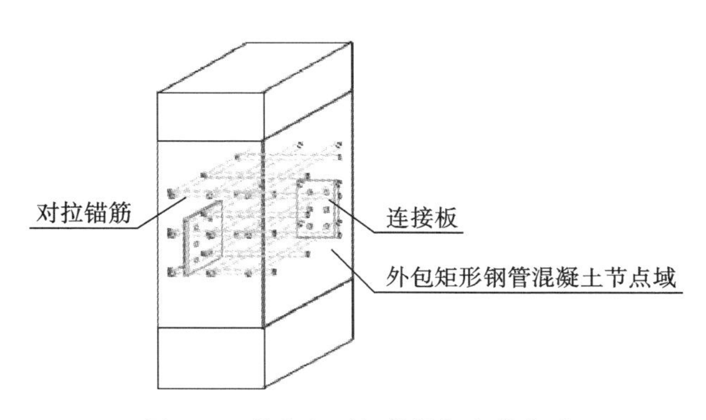

图 2-12　外包矩形钢管混凝土节点域

②施工工艺方面。当采取上述生产工艺仍难以解决柱子的垂直度问题时，可在法兰板接触面处采取设置薄垫片或设置微调螺栓等措施保证柱子的垂直度，然后再向法兰板

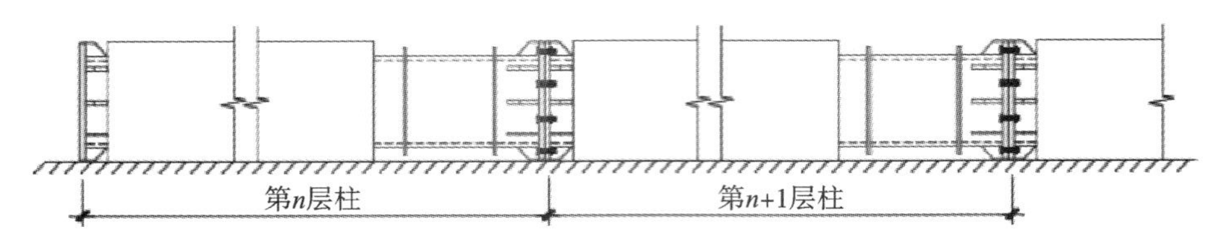

图 2-13　相邻楼层柱的生产方式

的接触间隙填充结构胶并密实。螺栓紧固过程中，需要先进行初拧，待结构胶强度满足要求后进行终拧，终拧时应尽量保证各螺栓均匀受力。

第3章　预制混凝土梁柱的钢结构榫卯连接

3.1　榫卯结构的连接原理

榫卯结构是古代建筑、家具和其他器械的主要连接方式，是中华民族智慧的体现，已有几千年的历史，在我国应用广泛。榫卯结构是在两个以上的构件上采用凹凸部位相结合的形式进行连接的一种方式，榫卯结构中不需要一颗钉子，就能将整个结构紧密的连接，使之牢固不松动，形成各种巧夺天工的结构形状。凸出部分称为榫（或榫头），凹进部分称为卯（或榫眼、榫槽）。古建筑中的榫卯屋顶结构见图3-1。

图3-1　古建筑中的榫卯屋顶结构

我国古代的木质建筑构架一般包括柱、梁、枋、垫板、桁架、檩条、斗拱、椽子、望板等基本构件，这些构件一般用榫卯的方式进行连接，只有在小部分非结构构件的连接时才会用铁钉。

我国以前的家具均是采用榫卯的方式连接各个部件，根据家具的用途不同，采用榫卯的技法也不同。合理设计榫卯，可以使榫卯结构中的木构件之间严密结合，达到水汽不入的程度。木结构榫卯的制作精度也是考核古代木匠的一个重要的技能指标，木工工匠的手艺可以完全反映在榫卯构件的制作水平上。

3.1.1 常见的七种榫卯

1. 长短榫

长短榫是在线材上部凿出长短不同的两个榫头，与面板的榫眼相接，因两个榫头高低不同，可以使连接更加稳固。长短榫可以单独使用，也可以作为其他榫卯的一部分使用，如夹头榫、抱肩榫、挂榫。长短榫是面板与线材连接中常见的榫卯结构。长短榫结构见图 3-2。

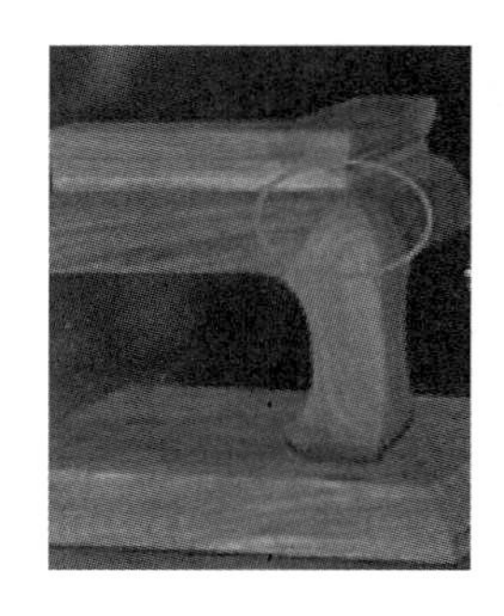

图 3-2 长短榫结构

2. 楔钉榫

楔钉榫是连接弧形材常用的榫卯结构。它把弧形材截割后，用上下两片出榫嵌接，榫头上的小舌入槽，使其不能上下移动，然后在搭口中部剔凿方孔，将一枚断面为方形，一边稍粗、一边稍细的楔钉插贯穿过去，使其也不能左右移动。楔钉榫常用于圆形家具，如香几、坐墩、圆杌凳等。楔钉榫结构见图 3-3。

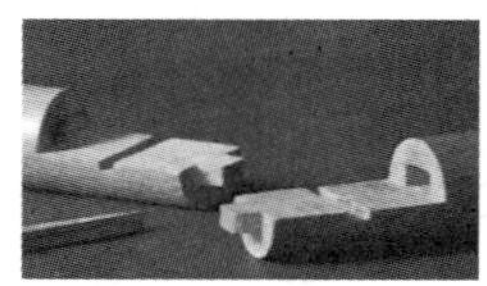

图 3-3 楔钉榫结构

3. 燕尾榫

燕尾榫是一种平板木材的直角连接节点，两块平板直角相接，为防止平板受拉力时脱开，榫头做成梯台形，故名“燕尾榫”。燕尾榫在木制家具中十分常见，常用于面板垂直拼接处。燕尾榫结构见图 3-4。

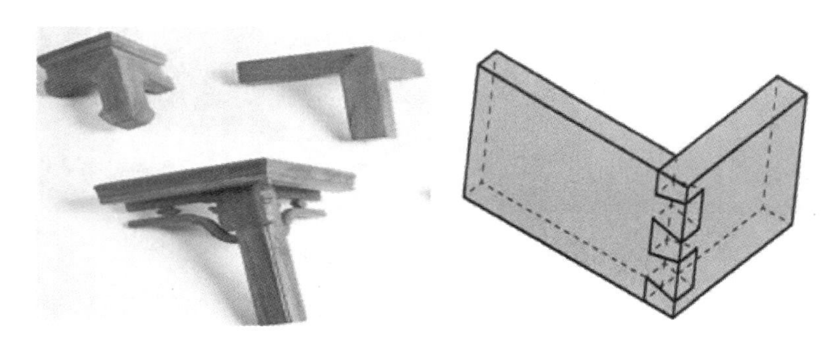

图 3-4 燕尾榫结构

4. 抱肩榫

抱肩榫是有束腰结构家具中常用的榫卯结构之一，在家具腿足上部承接束腰和牙条的部位，切出 45°斜肩，并在斜肩向内凿出三角形榫眼，相应的牙条亦切出 45°斜肩，并留出三角形榫头，两相扣接，严丝合缝。抱肩榫结构见图 3-5。

5. 穿带榫

穿带榫在椅子座面等部位较为常见。将相邻的薄板开出下大上小的槽口，用推插的方法将两板拼合，可使其不会从横方拉开。拼合黏牢之后，在其上开一个上小下大的槽口，里面穿嵌一个梯形长榫的木条，即为穿带榫。穿带榫一边稍宽、一边稍窄，为了使其穿紧，穿带榫都是从宽的一边推向窄的一边。穿带榫结构见图 3-6。

图 3-5　抱肩榫结构

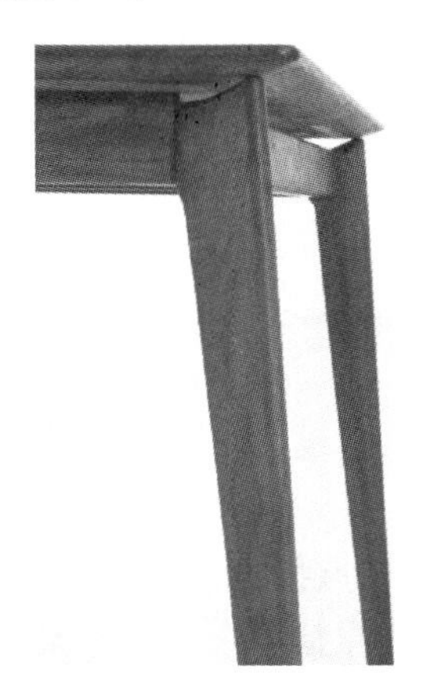

图 3-6　穿带榫结构

6. 粽角榫

粽角榫多用于四面平家具中，常用三根方材格角结合在一起，形成一个类似粽子角的格角，每个转角结合处都会形成六个 45°格角斜线。在制作时，三根方材的榫卯比较集中，为了牢固，一方面要开长短榫头，采用避榫制作的方式；另一方面选用结实粗大的方材，以免影响结构的强度。粽角榫结构见图 3-7。

7. 夹头榫

夹头榫是连接桌案的腿足、牙边和角牙的一组榫卯结构，案形结体家具的腿与面的结合不在四角，而在长边两端收进一些的位置，腿足上端开长口，夹住牙条和牙头，并在上部使用长短榫与案面结合。夹头榫结构见图 3-8。

图 3-7　粽角榫结构

图 3-8　夹头榫结构

3.1.2 榫卯接合方式的三大类型

(1)面与面接合。此类接合主要是面与面的接合,也可以是两条边的拼合,以及面与边的交接构合。如槽口榫、企口榫、燕尾榫、穿带榫、札榫等。面与面接合构造见图 3-9。

图 3-9　面与面接合构造

(2)点与点接合。此类接合主要用于横竖材丁字接合,成角结合,交叉接合,以及直材和弧形材的伸延接合。如格肩榫、双榫、双夹榫、勾挂榫、锲钉榫、半榫、通榫等。点与点接合构造见图 3-10。

图 3-10　点与点接合构造

(3)三个及以上构件的接合。此类接合除运用一些榫卯联合结构外,还采用一些更为复杂和特殊的做法。如托角榫、长短榫、抱肩榫、粽角榫等。三个及以上构件的接合构造见图 3-11。

榫卯被称为中式家具的"灵魂",木构件上凸出的榫头与凹陷的榫眼的简单咬合,便将木构件结合在一起。连接构件的形态不同,衍生出了千变万化的组合方式,使中式家具达到功能与结构的完美统一。

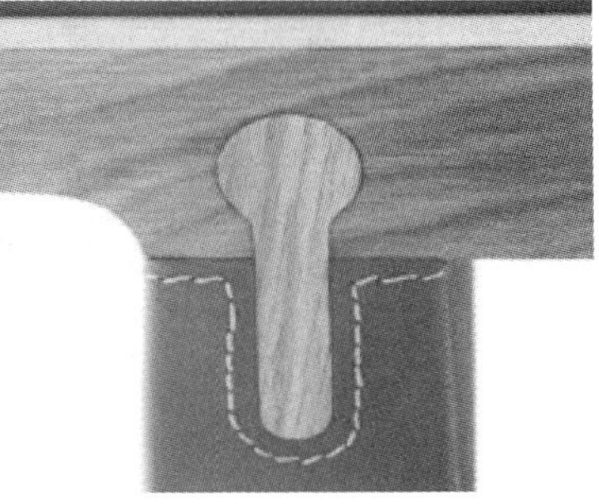

图 3-11　三个及以上构件的接合构造

3.1.3　钢结构榫卯

榫卯结构一般是应用在木质结构中，因为木质结构能够方便加工成各种榫卯构件，而在钢筋混凝土结构和钢结构中应用较少，主要是由于钢材加工成榫卯部件的难度较大，并且相关工艺积累不足。但是随着我国机械化水平的提高，特别是精密加工设备制造技术的进步，为钢材加工成榫卯构件提供了技术支持，使榫卯结构应用到现代钢筋混凝土建筑和钢结构建筑中成为可能。经过多年的研究，我国建筑专家结合多年的设计施工经验，将中国传统的榫卯结构和现代钢结构结合，发明了多种钢结构榫卯体系，见图 3-12、图 3-13。

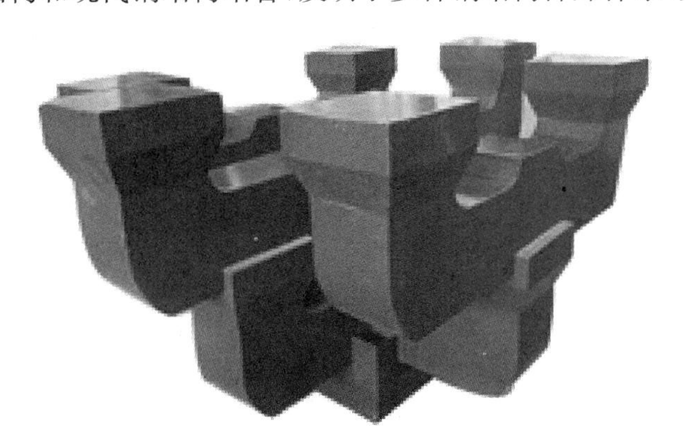

图 3-12　钢结构榫卯构件

钢结构榫卯构件一般在工厂车间采用机械成型设备制造完成，这样可以实现钢结构榫卯构件的批量生产，再将钢结构榫卯构件运至现场进行安装，方便快捷。钢结构榫卯通过工厂的标准化批量生产降低了人工成本；贯穿式的连接方式也可以减少钢材和水泥用量，材料成本将下降 25%，综合成本将下降 45%；还可以提高结构质量和抗震性能。

图 3-13　实际建筑中的钢结构榫卯

3.2　预制混凝土梁柱的钢结构榫卯连接技术

装配式钢筋混凝土框架结构免支撑装配设计继承了我国传统的榫卯结构原理，对装配式混凝土梁柱插入式螺栓拼接节点进行了创新。在装配式钢筋混凝土框架结构的梁柱结合处，这种钢结构榫卯构件使钢结构梁柱有更好的结合效果。装配式混凝土梁柱插入式螺栓拼接节点见图 3-14。

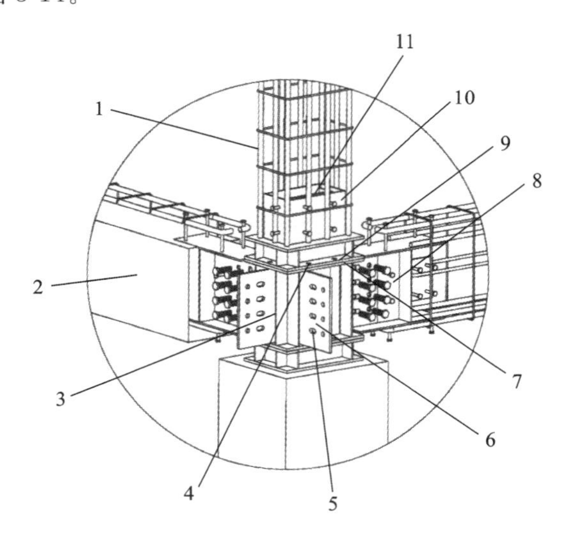

图 3-14　装配式混凝土梁柱插入式螺栓拼接节点

1—混凝土预制柱；2—混凝土预制叠合梁；3—梁柱连接头；4—第一装配孔；5—第二装配孔；
6—第一连接板；7—第一连接平台；8—第二连接板；9—第二连接平台；10—卯凹陷部件；11—榫凸出部件

采用榫卯结构连接的柱梁螺栓节点增强了装配式预制梁柱连接部分抗弯性能，为钢筋混凝土框架梁柱安装带来很大的便利性，同时还可以提高施工效率和施工安全性，而成本却相对较低。此外，梁柱连接头独立设置，无须考虑梁柱的连接方向，使构件可以批量化规模化生产，有效提高生产效率。钢筋混凝土的梁和柱在工厂统一生产，再运至施工现场快速组装，不需要另外搭设脚手架，安装快速便捷，经济合理。

3.2.1　装配式梁柱分类

装配式梁柱分为如下两类。

第一类装配式梁柱是由钢筋混凝土预制而成的，梁柱的拼接面都预留有外伸钢筋，安装时需要大量的支撑架，然后将梁柱上裸露的钢筋按照安装要求逐一对接捆扎固定，再对钢筋连接处浇筑混凝土。此类梁柱安装时需要在现场设置大量支撑架，连接处的每一根钢筋也都需要校正位置，这样施工的效率较低，同时因为是人工操作，也会留下安全隐患。现场浇注的混凝土和在工厂预制梁柱时浇筑的混凝土之间存在后浇带接缝，两者无法融合为一体，而此处连接节点的承载力很大程度上需要依靠连接节点内部的钢筋去承受，这样就使得连接节点的承载力和抗弯系数均会降低。

第二类装配式梁柱是梁柱均采用钢件制成，在连接处采用连接件焊接或螺栓固定连接的。此类梁柱虽在连接牢固性和安装便捷性方面比钢筋混凝土梁柱有所提升，但其用钢量比较大，现场焊接环境差，高空焊接难度大，安装精度得不到保证，而且钢连接件防锈如果处理不好将会影响建筑物的使用寿命。

3.2.2　梁柱插入式螺栓拼接节点的钢结构榫卯连接技术原理

装配式混凝土梁柱插入式螺栓拼接节点通过智能建造手段，将榫卯结构应用到了装配式混凝土梁柱插入式螺栓节点中。该拼接节点主要用于混凝土预制柱和叠合梁的拼接。

当两个混凝土预制柱分别与所述梁柱连接接头拼接时，一般将榫凸出部件插入卯凹陷部件，并用紧固件固定连接。混凝土预制梁柱拼接节点结构设置有两个连接板，每个连接板都设置有柱梁榫卯部件，这些榫卯部件共同合作，使得梁柱连接节点能够将梁和柱连接成一个紧固的整体。

梁柱连接节点还包括多个连接梁柱的肋板，一般的榫凸出部件由工字钢一体成型，在工字钢腹板处设置有多个肋板，分别位于连接平台的角部位置。混凝土预制柱包括柱混凝土部分和设置柱混凝土部分内的柱钢筋部分，柱钢筋部分包括竖直设置的第一钢筋、水平设置的第一箍筋和水平设置的安装平台。卯凹陷部件伸入柱混凝土部分，第二连接平台与安装平台通过第二肋板连接，各个钢筋环绕卯凹陷部件分布，且焊接在远离第二连接平台的安装平台一侧。

梁柱拼接节点中，卯凹陷部件为筒状结构，连接平台与安装平台均为回字形结构，且环绕卯凹陷部件设置。在卯凹陷部件处设有用于定位第一钢筋的第一定位铆钉。混凝土预制叠合梁包括梁混凝土部分和梁钢筋部分，板位于梁混凝土部分的外部，梁钢筋部分包括水平设置的第二钢筋和第三钢筋、竖直设置的第二箍筋。梁连接结构包括分别设置在第二连接板上端的上面板和下端的下面板、设置在上面板上表面和下面板下表面的第二定位铆钉。第二钢筋和第三钢筋分别与第二定位铆钉勾连，且第二钢筋位于梁混凝土部分的外部。

梁连接结构还包括与第二连接板垂直连接的挡板、设置在梁柱连接头的一侧且与第二连接板相连接的第三连接板，第二连接板和第三连接板均设有抗剪件，第二装配孔为圆孔或腰形孔。

装配式混凝土梁柱插入式螺栓拼接节点的梁柱连接头两端和混凝土预制柱形成榫卯结构，梁柱连接头和混凝土预制叠合梁通过连接板快速拼接，各连接部位通过紧固件连接，通过现场施工免支撑架，实现受压预制混凝土梁柱的无焊接的干式连接。此种连接方式在增强预制梁柱连接部分的抗弯性能的同时，也给安装带来了很大的便利性，提高施工效率，施工安全性较高，成本相对较低。

3.2.3 钢结构榫卯连接的应用

该拼接节点中梁柱连接头是独立设置，无须考虑梁柱的安装方向，根据施工要求在工厂预制所需长度的梁柱，即可在现场快速组装，便于实现批量化规模化生产，提高了生产和安装的效率，有效地实现了预制构件产业化、工业化、自动化生产。

第4章　免支撑施工混凝土结构连接单元的构造

免支撑混凝土结构的连接单元，一般可分为梁头连接单元、主次梁连接单元、柱脚连接单元等。

4.1　梁头连接单元

梁头连接一般采取工厂拼接或工地拼装。工厂拼接会受钢材的规格、尺寸的限制，翼缘板和腹板的拼接缝不宜设置过于集中，还需根据《钢结构工程施工质量验收规范》(GB 50205)对焊缝的质量进行验算(主要是对受拉翼缘板和腹板的抗拉强度进行验算)；工地拼装受运输和安装条件的限制，需要将梁在工厂分成几段制作，然后运往工地进行吊装。

PHF建筑体系的梁头连接单元①是一种免支撑施工的节点单元结构，主要作用是连接立柱与横梁。如图4-1所示，组成该连接单元的组件有：柱边连接件、梁头连接件、高强螺栓、螺纹钢筋套筒套件。

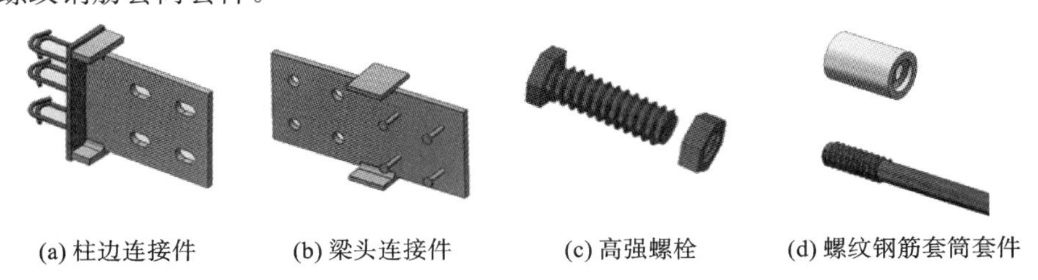

(a) 柱边连接件　(b) 梁头连接件　(c) 高强螺栓　(d) 螺纹钢筋套筒套件

图4-1　PHF建筑体系的梁头连接单元的组件

梁头连接单元主要构造如下：立柱与横梁相互垂直放置，立柱顶部与横梁采用螺纹连接；相对布置的两个横梁采用连接螺杆连接；相邻两个立柱采用螺纹连接；立柱连接件和立柱抗剪件均与立柱底部固定连接；立柱结构上的立柱连接件与另一个立柱结构的长连接杆螺纹连接；立柱结构的立柱抗剪件与另一个立柱结构的短连接杆螺纹连接；横梁连接件与另一个横梁结构上的横梁连接件采用连接螺杆相连接。PHF建筑体系的梁头连接单元构造如图4-2所示。

---

① 引自实用新型专利《免支撑装配式混凝土结构连接节点单元》(湖南圣堡住宅工业有限公司)。

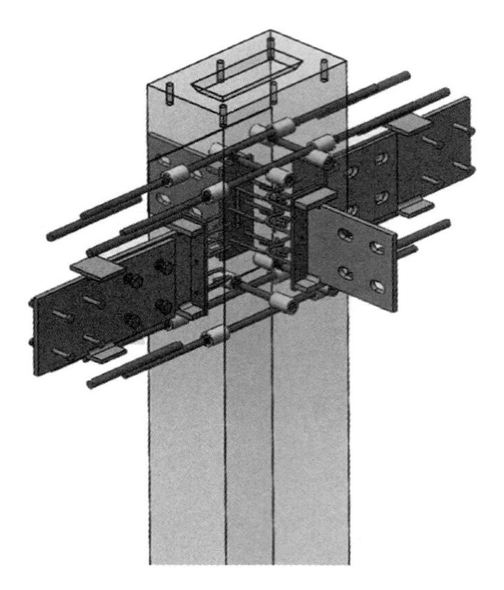

图 4-2 PHF 建筑体系的梁头连接单元构造

根据转动刚度不同可将梁与柱的连接方式分为铰接、刚性连接、半刚性连接三大类。铰接一般只可承受较小的弯矩,这种连接构造与主次梁的简支连接类似。刚性连接一般指的是框架梁与框架柱的连接,这种连接节点需要加腋,用来提高梁端截面的抗弯能力,同时也可增大梁端截面螺栓连接的抵抗力矩。半刚性连接同刚性连接一样,需要为柱子加设加劲肋。如图 4-3 所示,PHF 建筑体系的梁柱连接方案一般有单边连接、双边连接、对角边连接和三边连接等。

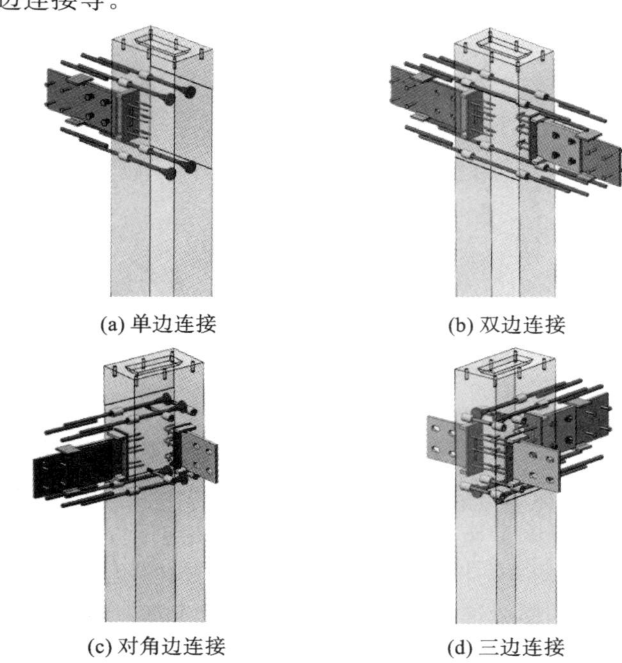

(a) 单边连接　(b) 双边连接

(c) 对角边连接　(d) 三边连接

图 4-3 PHF 建筑体系的梁柱连接方案

4.2　主次梁连接单元

主次梁的连接有叠接和侧面连接。当次梁是简支梁时，叠接是将次梁直接放在主梁上，用螺栓或焊缝固定在其设计位置上，当腹板局部压力很大时，可以在主梁相应位置设置支承加劲肋。侧面连接一般需要采用连接角钢或钢板进行连接。若次梁是连续梁，还需考虑将次梁的支座压力传递给主梁，因此需要保证主次梁的平衡问题。PHF 建筑体系的主次梁连接单元构造如图 4-4 所示。

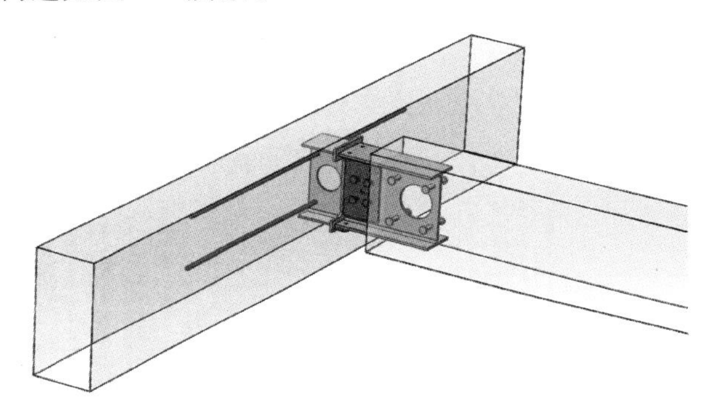

图 4-4　PHF 建筑体系的主次梁连接单元构造

PHF 建筑体系主次梁主要依靠连接件与高强螺栓连接。该连接单元由主梁侧边连接件、强抗震梁头连接件、高强螺栓、加强筋组成。PHF 建筑体系的主次梁连接单元的组件如图 4-5 所示。

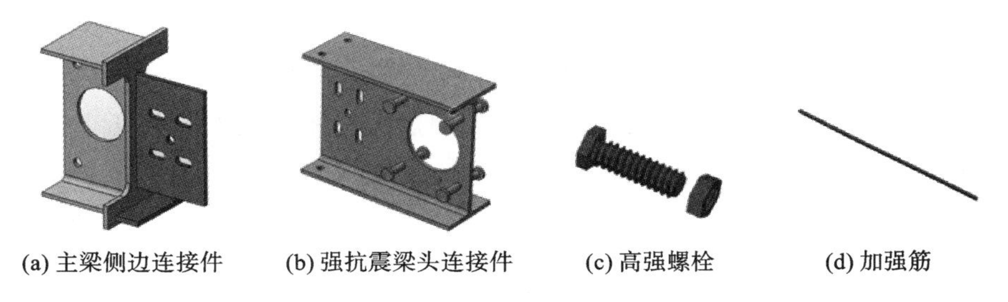

(a) 主梁侧边连接件　(b) 强抗震梁头连接件　(c) 高强螺栓　(d) 加强筋

图 4-5　PHF 建筑体系的主次梁连接单元的组件

4.3　柱脚连接单元

柱脚的作用是将柱子的内力传递给基础，且柱脚与基础的连接要牢固可靠。柱脚的构造设计应尽可能还原结构的计算简图，并且设计应力不应过于复杂，以免影响内力分布。柱脚的构造措施取决于柱的截面形式及柱与基础的连接方式，柱脚与基础的连接一般有刚接和铰接。

如图 4-6 所示，PHF 建筑体系的柱脚连接方案包括柱柱连接、地基与柱子连接、强抗震柱连接等。

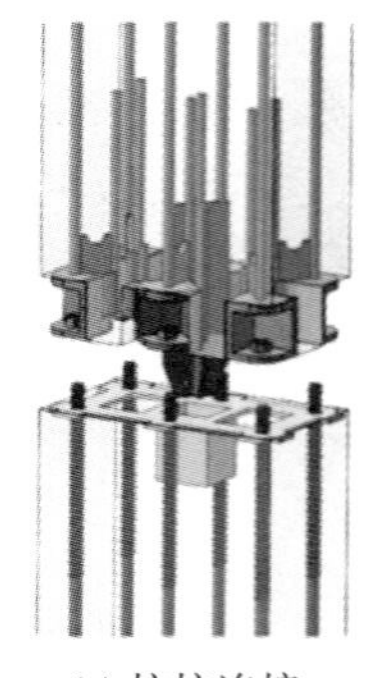

(a) 柱柱连接

(b) 地基与柱子连接

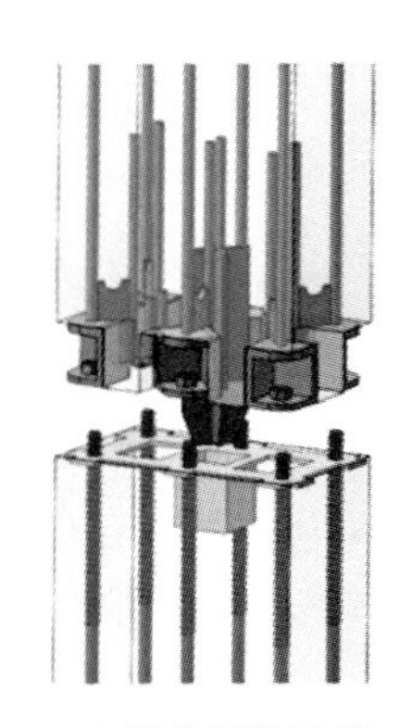

(c) 强抗震柱连接

图 4-6　PHF 建筑体系的柱脚连接方案

PHF 独立基础连接节点包括如下单元构造：①螺栓组合和隔板。隔板上设置有连接地脚螺栓的第一螺纹孔。②柱子连接单元。包括连接块和设置于连接块上的第一延伸柱，连接块包括上板和下板，下板上设置有第二螺纹孔，第二螺纹孔与地脚螺栓栓接，连接块与第一延伸柱之间设置有加强筋，加强筋的一端与第一延伸柱连接，另一端与连接块连接。③基础承台。包括中空柱体，地脚螺栓需插入中空柱体内。④一端设置有连接钢筋的预制地梁。连接钢筋的两端需在螺栓组合与中空柱体之间连接。

此结构单元可以自由组合成任意形状的柱子，各个部件均可单独进行运输和施工，在螺栓组合与基础承台之间插入可相连的预制地梁，装配时方便调整预制地梁的水平度和高度，施工更为灵活。PHF 建筑体系的柱脚连接单元构造如图 4-7 所示。

图 4-7　PHF 建筑体系的柱脚连接单元构造

第5章　免支撑施工装配式钢筋混凝土叠合楼板

5.1　免支撑施工叠合楼板的构造要求

PHF建筑体系中的叠合楼板同样是免支撑的，如图5-1所示。免支撑施工叠合楼板工厂预制使用的材料包括封边条、吊点加强筋、找平限高块、线盒、楼板底部钢筋、桁架钢筋、叠合楼板模具等。

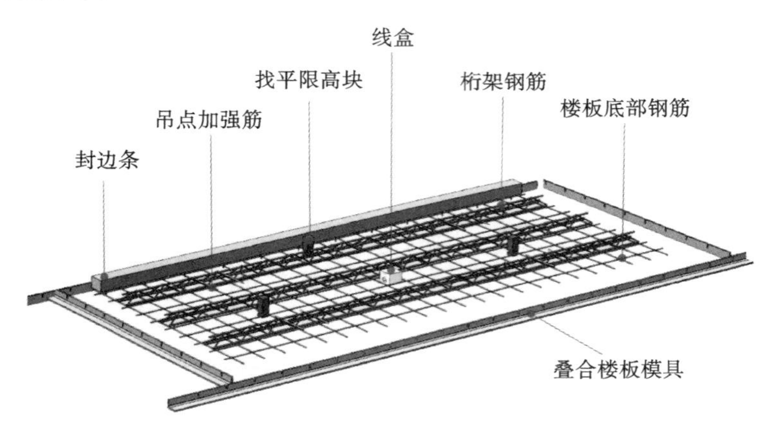

图5-1　免支撑施工叠合楼板构造示意

5.1.1　免支撑施工叠合楼板梁截面要求

一般情况下，装配式整体梁柱框架结构中的梁截面尺寸应满足宽度不小于200 mm、高宽比不大于4的要求。当采用叠合梁时，还需满足框架梁的后浇混凝土叠合层厚度不宜小于150 mm，次梁的后浇混凝土叠合层厚度不宜小于120 mm的要求。

5.1.2　免支撑施工叠合楼板配筋要求

免支撑施工叠合楼板的钢筋配置需符合现行国家标准《建筑抗震设计规范》

(GB 50011)的有关规定，且纵向受力钢筋层数不应超过两层，梁端箍筋加密区长度应从钢筋混凝土梁端开始起算，钢连接件埋入区域的箍筋间距不应大于 50 mm。梁端连接件的外伸长度不应小于钢连接件的截面高度，钢连接件埋入梁身长度应大于 10 倍纵筋直径 30 mm 以上；如需要焊接，尽可能采用双面焊，当采用单面焊时，搭接长度不应小于纵筋直径的 10 倍；当梁身侧面设有纵向受力钢筋时，钢连接件上应设置横向加劲肋，加劲肋长度应与钢连接件的埋入长度相同，厚度应与钢连接件的翼缘厚度相同，纵向钢筋应与加劲肋焊接连接。

5.2　免支撑施工叠合楼板的受力

5.2.1　受弯承载力

免支撑施工叠合楼板的正截面受弯承载力应符合现行国家标准《混凝土结构设计规范》(GB 50010)的有关规定，钢筋混凝土梁身的端部截面受弯计算应不考虑钢连接件的作用。

梁端连接件的正截面受弯承载力计算应符合现行国家标准《钢结构设计标准》(GB 50017)的有关规定，应按钢连接件的实际截面计算。由于钢连接件外伸区域的后浇混凝土主要起防火和防腐作用，在验算正截面受弯承载力时，应不考虑后浇混凝土和楼板的作用。此外，钢连接件外伸长度相对较短，埋入混凝土的部分在纵筋、加密箍筋和混凝土的包裹下形成了可靠的约束，后浇混凝土也能对外伸部分形成一定的约束，因此，计算时可不进行整体稳定性验算。

5.2.2　受剪承载力

免支撑施工叠合楼板的受剪承载力计算应符合现行国家标准《混凝土结构设计规范》(GB 50010)的有关规定，钢筋混凝土梁身的端部截面受剪承载力计算时应不考虑钢连接件的作用。

梁端连接件的受剪承载力计算应符合现行国家标准《钢结构设计标准》(GB 50017)的有关规定。

5.2.3　挠度

免支撑施工叠合楼板的钢筋混凝土梁身的挠度计算需考虑构件长期作用的影响，挠度限值应符合现行国家标准《混凝土结构设计规范》(GB 50010)的有关规定确定。由于梁端连接件埋入深度有限，因此在计算负弯矩区裂缝宽度时，可不考虑钢连接件的影响，梁身裂缝按三级控制，裂缝限值按现行国家标准《混凝土结构设计规范》(GB 50010)的有关规定确定。

5.3 免支撑施工叠合楼板的生产

免支撑施工叠合楼板的生产工序主要有钢筋绑扎、放置配件、浇筑混凝土、成品检测四个步骤。

(1)钢筋绑扎。先按图纸绑扎楼板底部钢筋网,然后按图纸把桁架钢筋绑扎到楼板底部钢筋网上,并在吊点的区域放置吊点加强筋。钢筋绑扎完后,还要进行工序质检,主要包括检查楼板底部钢筋网尺寸是否符合图纸要求,特别注意叠合楼板的四边起步钢筋的间距;检查桁架钢筋的间距是否符合图纸要求,特别是边缘钢筋的间距是否符合图纸要求;检查吊点加强筋的数量和位置是否符合图纸要求。免支撑施工叠合楼板的钢筋绑扎示意如图 5-2 所示。

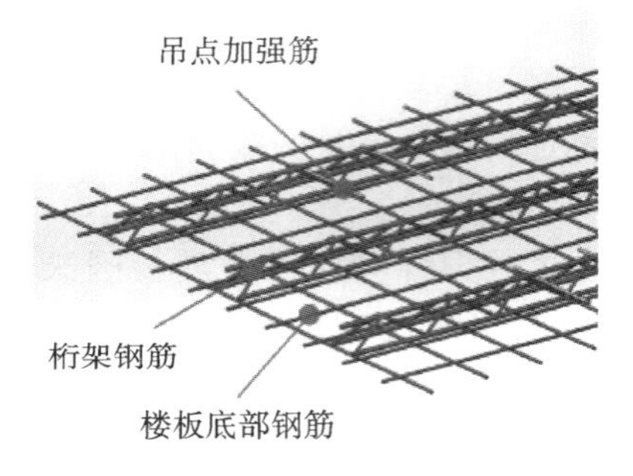

图 5-2 免支撑施工叠合楼板的钢筋绑扎示意

(2)放置配件。放置模具边板时需要注意楼板底部钢筋四边出筋情况和出筋尺寸,按图纸要求放置好后,在吊点地方作出标记,然后按照图纸位置放置 3 个找平限高块。检查图纸中的叠合楼板是否需要放置线盒,如需放置,则按图纸进行放置。免支撑施工叠合楼板的配件放置示意如图 5-3 所示。

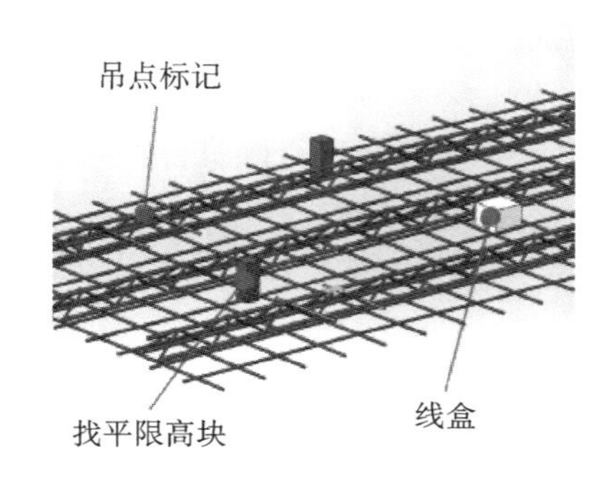

图 5-3 免支撑施工叠合楼板的配件放置示意

配件全部放置完后,还要进行工序质检,主要包括检查模具边板是否按图纸尺寸要求放置,四周出筋情况是否按图纸要求放置;检查是否放置找平限高块,吊点标记位置是否正确；检查叠合楼板是否有放置线盒的要求，是否按图纸要求放置。

(3)浇筑混凝土。所有准备工作做好后，开始浇筑混凝土，混凝土等级为 C30。为便于现场吊装，还需要按照图纸要求放置封边条，为保证后浇混凝土与楼板之间的结合度，还需用拉毛器对叠合楼板的表面拉毛。免支撑施工叠合楼板的混凝土浇筑及拉毛示意如图 5-4 所示。

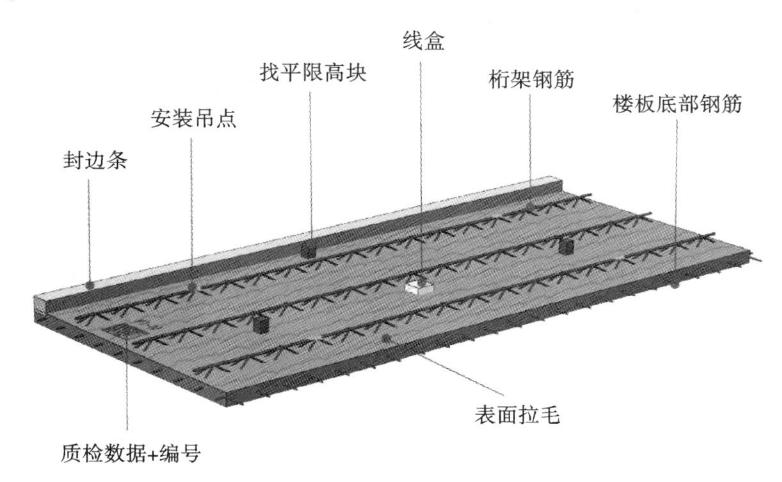

图 5-4　免支撑施工叠合楼板的混凝土浇筑及拉毛示意

(4)成品检测。检查成品叠合楼板的尺寸、边角预留空位(安装柱子时用)是否符合图纸要求；检查封边条、线盒、找平限高块的位置是否放置正确，吊点位置是否标记好；回弹仪检测的混凝土强度是否满足设计要求；检查成品叠合楼板四周出筋是否满足图纸要求；检查拉毛效果是否符合设计要求，编号是否标记，质检数据是否盖章等。

第6章　免支撑施工钢筋混凝土框架结构梁柱设计

6.1　免支撑施工钢筋混凝土框架梁的设计

PHF 建筑体系中的框架梁为梁端设置了钢连接件的混凝土梁，属于一种混合梁。框架梁的跨中截面不受两端钢连接件的影响，其截面承载力按《混凝土结构设计规范》(GB 50010)计算。设计支座时需要考虑钢连接件外露部分截面和钢连接件埋置部分截面，并根据钢筋混凝土截面的不同而选择不同的计算方法。免支撑施工钢筋混凝土框架梁构造如图 6-1 所示。

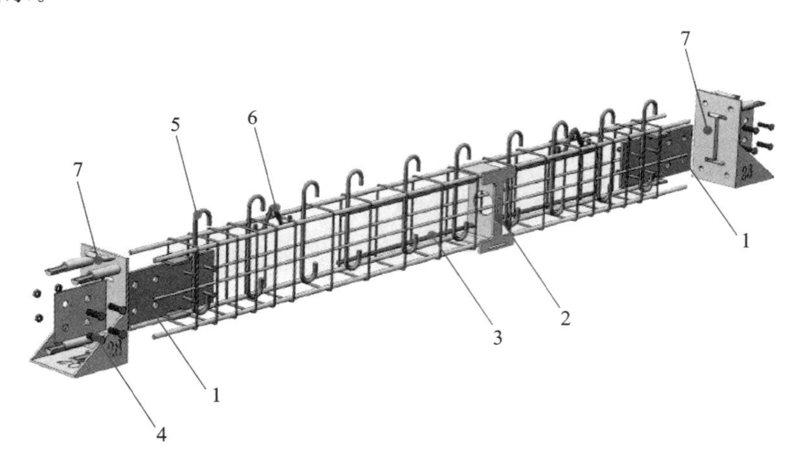

图 6-1　免支撑施工钢筋混凝土框架梁构造

1—梁端连接件；2—主次梁预埋件；3—加强筋；4—高强螺栓；
5—梁连接钢筋；6—吊环；7—梁端堵头

钢连接件外露部分截面一般按工字形钢梁进行计算，受弯承载力计算方法按全塑性受弯承载力计算公式计算，受剪承载力参考《钢结构设计标准》(GB 50017)第 10.3.2 条计算。

6.2　免支撑施工钢筋混凝土框架柱的设计

PHF 建筑体系中的框架柱与框架梁类似，按照部位划分，可以分为柱端连接件外露部分截面、柱端连接件埋置部分截面、钢筋混凝土段截面。此外框架柱一般还需要验算顶部和底部截面。免支撑施工钢筋混凝土框架柱构造如图 6-2 所示。

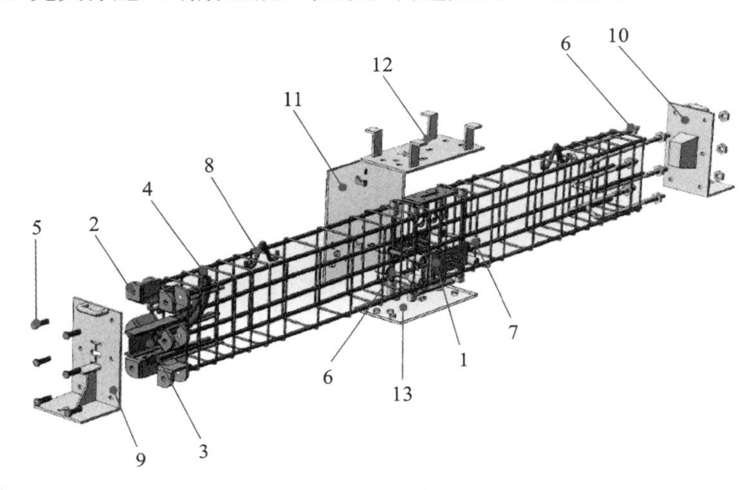

图 6-2　免支撑施工钢筋混凝土框架柱构造

1—柱边连接件 A；2—柱端连接单元；3—柱端抗剪件；4—灌浆导管；5—10.9 级高强螺栓；6—8.8 级螺栓螺杆；7—钢筋套筒；8—吊环；9—柱端堵头；10—柱尾堵头；11—柱边堵头 A；12—柱边堵头 B；13—柱边堵头 C

柱端连接件外露部分截面的受弯承载力可按工字或箱型钢柱的受弯进行计算，可参考《钢结构设计标准》(GB 50017)第 8.1.1 条计算；钢连接件埋置部分截面按型钢混凝土柱计算，可参考《组合结构设计规范》(JGJ 138)第 6.2.2 条计算；钢筋混凝土段截面的正截面受压承载力按《混凝土结构设计规范》(GB 50010)第 6.2.17 条计算。

带钢连接件的部分混凝土截面一般不需要计算受剪承载力，只需对钢筋混凝土截面按《混凝土结构设计规范》(GB 50010)第 11.4.7 条计算斜截面受剪承载力。

6.3　免支撑施工钢筋混凝土框架梁柱节点的设计

梁与柱的节点连接单元，按构造可以划分为工字钢节点单元和外包钢管混凝土节点单元。节点单元同样需要进行受弯承载力和受剪承载力的验算。

工字钢节点单元需按《钢结构设计标准》(GB 50017)、《建筑抗震设计规范》(GB

50011)、《高层民用建筑钢结构技术规程》(JGJ 99)、《多、高层民用建筑钢结构节点构造详图》(16G519)等相关技术规范计算加劲板、隔板等钢构件的受弯承载力。叠加混凝土的部分的受弯承载力可参考《混凝土结构设计规范》(GB 50010)进行计算。

外包钢管混凝土节点单元需按《建筑抗震设计规范》(GB 50011)的第8.2.5条计算节点单元的受剪承载力。叠加混凝土的部分的受弯承载力，可参考《混凝土结构设计规范》(GB 50010)进行计算。

第7章　免支撑施工钢筋混凝土框架结构的生产与施工

PHF 建筑体系预制构件的生产单位应具备相应生产工艺设施以保证质量要求，并应有完善的质量管理体系和必要的试验检测手段。预制构件制作前，应编制生产方案，包括生产工具、模具方案、生产计划、技术质量控制措施、成品保护、堆放和运输方案等内容。预制构件检验的内容包括原材料及配件、模具、钢筋及预埋件、成型及脱模、外观检验、堆放及运输等。这些内容均需满足《装配式混凝土建筑技术标准》(GB/T 51231)的有关规定。

预制构件的混凝土原材料应符合国家现行标准《混凝土结构工程施工规范》(GB 50666)和《普通混凝土配合比设计规程》(JGJ 55)的有关规定。预制构件的钢筋加工、连接与安装应符合国家现行标准《混凝土结构工程施工规范》(GB 50666)和《混凝土结构工程施工质量验收规范》(GB 50204)的有关规定。预制构件的钢连接件制作及质量检验应符合国家标准《钢结构焊接规范》(GB 50661)、《钢结构工程施工规范》(GB 50755)和《钢结构工程施工质量验收标准》(GB 50205)的有关规定。预制框架柱和框架梁的模具，钢连接件与模具的相对位置应采取可靠、准确的固定方式。模具尺寸偏差应参考《装配式混凝土建筑技术标准》(GB/T 51231)中预制构件模具的规定，但考虑钢连接件的定位精度要求，模具长度的允许偏差应适当提高要求。对用于高强螺栓连接、高强螺栓法兰连接的螺栓孔的孔径及尺寸允许偏差应符合《钢结构高强度螺栓连接技术规程》(JGJ 82)的有关规定。

钢连接件的安装尺寸偏差必须满足现场安装的精度要求。预制框架柱和框架梁在浇筑前应进行隐蔽工程检查，PHF 建筑体系预制混凝土构件与传统建筑体系的主要差别在于设置了钢连接件，因此 PHF 建筑体系隐蔽工程的重点检查方向是钢连接件的相关内容。

7.1　免支撑施工钢筋混凝土框架结构的生产

7.1.1　免支撑施工钢筋混凝土框架柱的生产

PHF 建筑体系框架柱由柱端连接单元、柱尾地脚螺栓、柱边连接件、柱边接梁板四大构件组成。主要生产流程是四大构件的定位与焊接。

1. 柱端连接单元的定位

先把框架柱的主筋焊接在柱端连接单元上，将柱端堵头作为母模，用高强螺栓固定柱端连接单元。接着放置柱端抗剪件，与框架柱内部布置的普通钢筋焊接好后，再放置灌浆导管。

在上述几道工序完成后，需要进行质量检查。检查内容包括：框架柱内钢筋与柱端连接单元的焊接是否达标；柱端抗剪件的外露长度是否符合设计要求；箍筋加密区数量与间距是否符合生产图纸要求；柱钢筋笼放入模具车后，柱端堵头与模具底板是否垂直，柱端连接单元示意如图 7-1 所示。

2. 柱尾地脚螺栓的定位

先把框架柱的钢筋焊在地脚螺栓上，焊接时注意控制每根钢筋的长度要保持一致，再用柱端堵头作为母模，用高强螺母把地脚螺栓固定好，同时注意地脚螺栓应预留 100 mm 外露长度。柱尾地脚螺栓示意如图 7-2 所示。

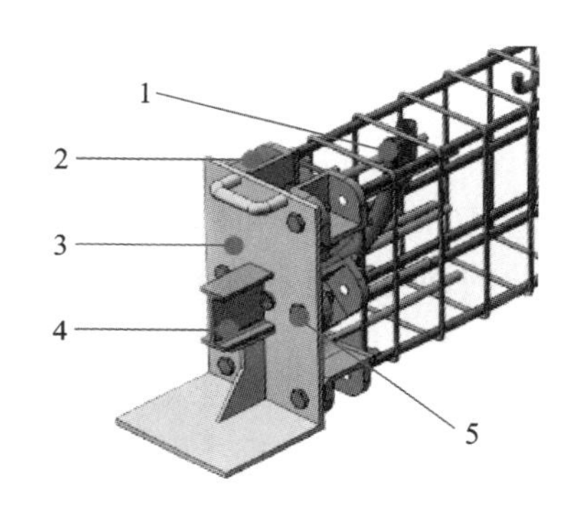

图 7-1　柱端连接单元示意

1—灌浆导管；2—柱端连接单元；3—柱端堵头；
4—柱端抗剪件；5—10.9 级高级螺栓

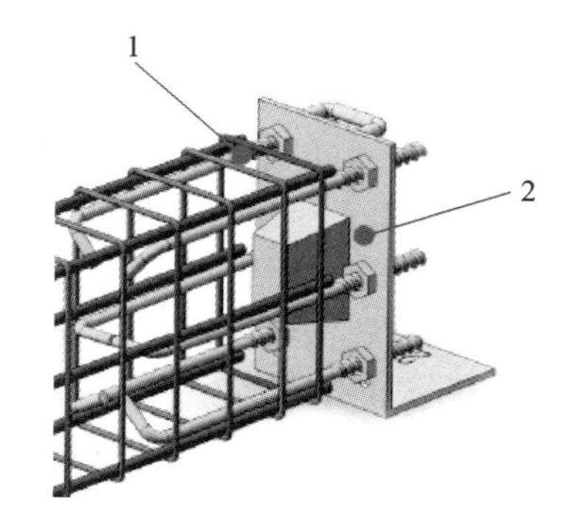

图 7-2　柱尾地脚螺栓示意

1—8.8 级螺栓螺杆；2—柱尾堵头

在上述几道工序完成后，需要进行质量检查。检查内容包括：螺纹钢筋与地脚螺栓焊接是否满足规格，焊接完后需用探伤仪检测合格度；检查钢筋的焊接长度，确保每根钢筋的长度一致，并保证预留的螺栓外露长度符合图纸要求；检查箍筋加密区数量与间距是否符合设计要求，特别是边缘箍筋间距，不应大于 50 mm。

3. 柱边连接件的定位

先把缓凝剂均匀喷洒在柱边堵头上，再将螺杆和钢筋套筒的连接件固定在柱边堵头 C 上，然后安装柱边连接件 A，根据图纸将柱边连接件与螺杆和钢筋套筒的连接件组装好，并放置在模具中，最后用柱边堵头固定。柱边连接件示意如图 7-3 所示。

在上述几道工序完成后，需要进行质量检查。检查内容包括：柱边连接件的方位和数量是否与设计图纸保持一致；螺杆和钢筋套筒连接件的方位和数量是否与设计图纸保持一致；柱边堵头固定的方位是否符合设计要求；吊环是否安装在柱两端 2/5 的位置。

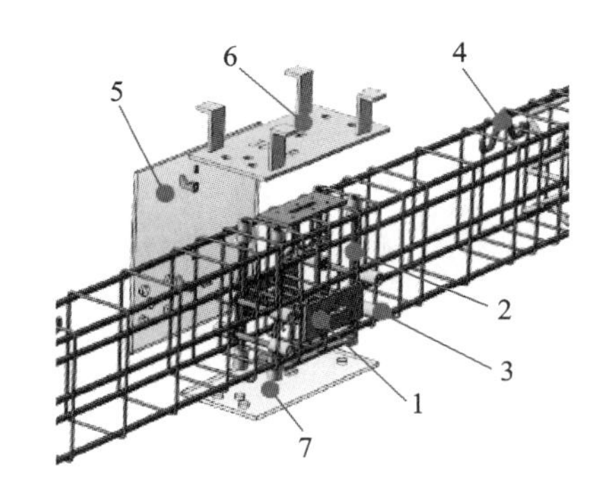

图 7-3　柱边连接件示意

1—柱边连接件 A;2—8.8 级螺栓螺杆;3—钢筋套筒;4—吊环;
5—柱边堵头 A;6—柱边堵头 B;7—柱边堵头 C

4. 柱边接梁板的焊接

框架柱完成浇筑后,需用回弹仪测量混凝土强度是否达到设计要求,当强度达到 20 MPa时可调开模台养护,脱模后第一时间用高压水枪冲刷喷洒了缓凝剂的区域,使柱边接梁板形成拉毛效果。养护完成后,需要将柱边接梁板焊接到柱边连接件 A 上,焊接完成后还需用探伤仪进行检测,合格后方可出厂。柱边接梁板示意如图 7-4 所示。

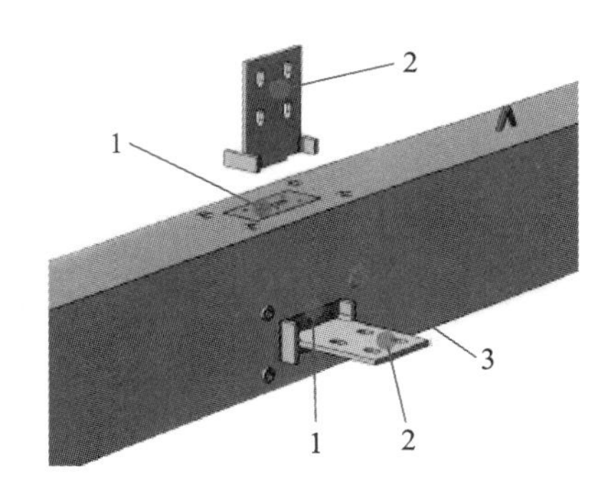

图 7-4　柱边接梁板示意

1—柱边连接件 A;2—柱边连接件 B;3—8.8 级螺栓螺杆和钢筋套筒

在上述几道工序完成后,需要进行质量检查。检查内容包括:柱边连接件 A 的方位、数量;柱边连接件与柱端的距离是否符合设计图纸的要求;螺杆和钢筋套筒连接件的方位和数量是否符合图纸要求;吊环是否安装在柱两端 2/5 的位置。

5. 成品检测

成品检测内容包括:柱边连接件的方位和数量是否满足图纸设计要求;柱端连接单元的混凝土是否浇筑完整,是否有孔洞或多余混凝土,校正孔位确保现场安装时能顺利对接到柱尾螺栓螺杆上;灌浆孔是否畅通;柱尾螺杆上是否有损伤或多余混凝土;预装抗剪件的孔洞是否完整,安装时能顺利与柱头对接;回弹仪检测混凝土的强度是否达到设计要求;框架柱的尺寸与图纸是否一致,编号是否标记,质检数据是否完整,合格后是否盖章。框架柱成品示意如图 7-5 所示。

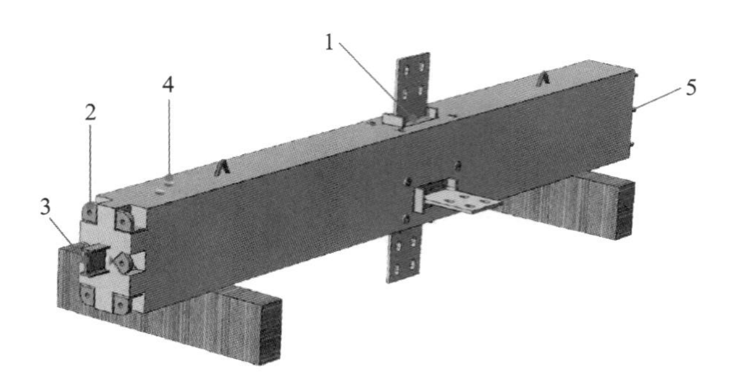

图 7-5　框架柱成品示意

1—柱边连接件 A 和 B;2—柱端连接单元;3—柱端抗剪件;4—灌浆导管;5—8.8 级螺栓螺杆

成品构件养护完成后,注意在工厂堆放和车辆运输时,必须垫好方木,避免钢连接件的损坏。

7.1.2　免支撑施工钢筋混凝土框架梁的生产

PHF 建筑体系混凝土框架梁由梁端连接件、主次梁预埋件、主次梁定位板和托板三大构件组成。主要生产流程是三大构件的定位与焊接。

1. 梁端连接件的定位

先用缓凝剂喷洒在梁端堵头的内侧,再将梁端连接件用高强螺栓固定好,组合成型后插入到绑扎好的钢筋笼里,注意钢筋笼面筋和底筋的外露长度要与设计图纸保持一致。喷洒了缓凝剂的梁端接头区域,在脱模后需用高压水枪冲洗、拉毛。梁端连接件示意如图 7-6所示。

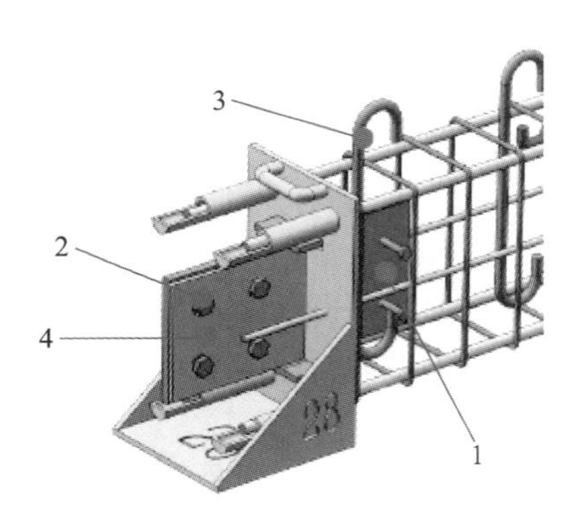

图 7-6　梁端连接件示意

1—梁端连接件;2—高强螺栓;3—梁连接钢筋;4—梁端堵头

在上述几道工序完成后，需要进行质量检查。检查内容包括：钢筋笼面筋和底筋的外露长度是否与图纸相符；梁的总长度是否与图纸相符；钢筋加密区的箍筋数量是否正确。

2. 主次梁预埋件的定位

检查图纸上是否有安装主次梁预埋件。如果有，需要把此构件安装在设计图纸要求的位置上，应注意区分左右两个方向，并测量该构件与梁头的距离是否满足设计图纸要求（此处尺寸很容易出错）。主次梁预埋件位置示意如图 7-7 所示。

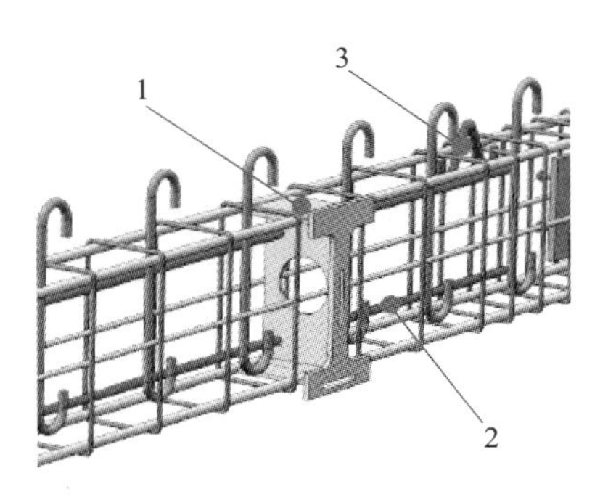

图 7-7　主次梁预埋件位置示意

1—主次梁预埋件；2—加强筋；3—吊环

在上述几道工序完成后，需要进行质量检查。检查内容包括：主次梁预埋件的方向、与梁头的距离是否符合图纸要求；吊环、加强筋、加密区箍筋是否需要设置，位置与数量是否正确。

3. 主次梁定位板和托板的焊接

有主次梁预埋件的预制框架梁，混凝土硬化后，需要将主次梁定位板和主次梁托板焊接到预埋件上，预制构件方可出厂。主次梁定位板和托板示意如图 7-8 所示。

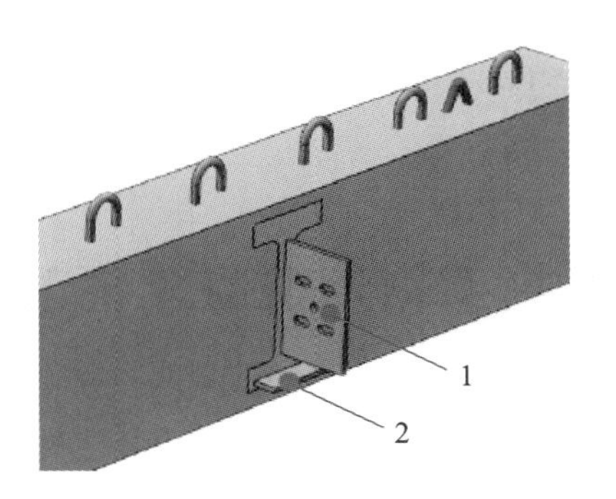

图 7-8　主次梁定位板和托板示意

1—主次梁预埋件 B；2—主次梁预埋件 C

在上述几道工序完成后，需要进行质量检查。检查内容包括：预埋件位置是否与设计图纸保持一致；探伤仪检测的定位板与托板的焊接是否符合设计标准的要求。

4. 成品检测

成品检测内容包括：主次梁的连接件是否符合设计要求；探伤仪检测的全部焊接区域是否满足质检要求；梁头混凝土浇筑区域是否有孔洞和多余混凝土；梁头两端是否用高压水枪冲洗出拉毛效果；混凝土强度是否满足设计要求；节点区域安装后，箍筋是否按 100 mm 间距绑扎 4 根，然后浇筑后浇层的浇混凝土；成品框架梁的尺寸与图纸是否保持一致，编号是否标记，质检数据是否完整，合格后是否盖章。框架梁成品示意如图 7-9 所示。

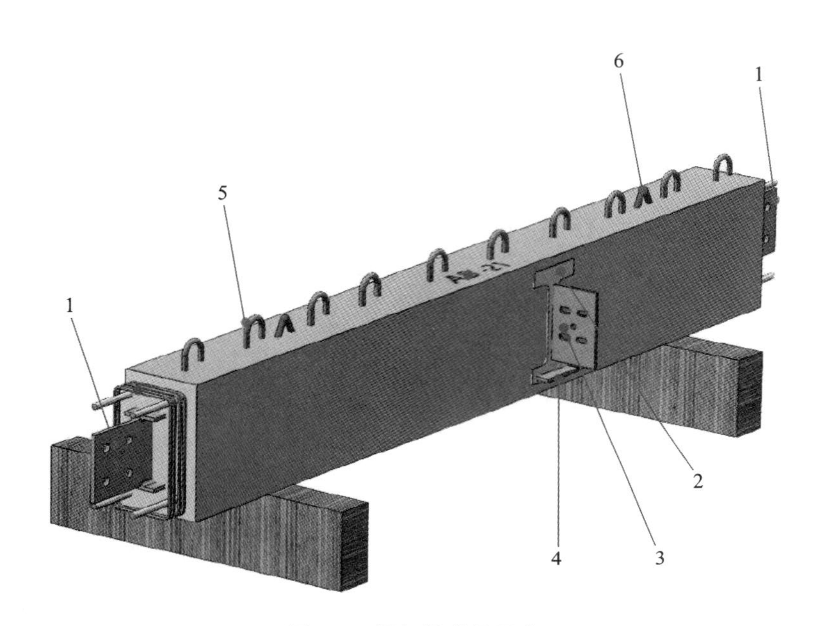

图 7-9　框架梁成品示意

1—梁端连接件；2—主次梁预埋件 A；3—主次梁预埋件 B；
4—主次梁预埋件 C；5—梁连接钢筋；6—吊环

7.2　免支撑施工钢筋混凝土框架结构的施工

预制构件施工前，需要按现行国家标准《混凝土结构工程施工规范》(GB 50666)的有关规定进行施工阶段的结构分析和验算。

PHF 建筑体系结构施工前，应编制专项施工方案，该方案包含施工场地布置、预制构件的存放与运输、安装与连接施工、绿色施工、安全管理、质量管理、应急预案等内容。钢连接件是 PHF 建筑体系结构施工中关键的部分，施工过程中应采取有效措施对钢连接件进行保护，防止钢连接件发生变形或污染。施工过程中应采取安全措施，并应符合现行行业标准《建筑施工高处作业安全技术规范》(JGJ 80)、《建筑机械使用安全技术规程》(JGJ 33)、《建筑施工起重吊装工程安全技术规范》(JGJ 276)、《施工现场临时用电安全技术规程》(JGJ 46)等规定。高处作业人员应正确使用安全防护用品，宜采用工具操作架进行安装作业。

7.2.1　免支撑施工钢筋混凝土框架结构施工的一般规定

PHF建筑体系的预制梁和柱的安装与连接既要满足装配式混凝土结构施工的相关要求，也要满足钢结构施工的相关要求。

免支撑施工钢筋混凝土框架结构的施工中，预制构件的安装与连接需要满足《装配式混凝土建筑技术标准》(GB/T 51231)、《混凝土结构工程施工规范》(GB 50666)、《钢结构工程施工规范》(GB 50755)的要求。

7.2.2　免支撑施工钢筋混凝土框架结构施工的具体规定

预制构件安装与连接所用的材料及配件应按国家现行有关标准进行进场验收。高强螺栓连接和高强螺栓法兰连接，应进行摩擦面抗滑移系数试验，其结果应符合设计要求。

预制构件在吊装前应进行试吊。吊装前，应按《建筑机械使用安全技术规程》(JGJ 33)的有关规定，检查复核吊装设备及吊具处于安全可操作状态，并核实现场环境、天气、道路状态是否满足吊装施工要求。

钢筋混凝土工程中的混凝土输送、浇筑、养护应符合现行国家标准《混凝土结构通用规范》(GB 55008)和《混凝土结构工程施工规范》(GB 50666)的有关规定。

PHF建筑体系的施工流程包括预制构件进场、预制柱脚安装、预制构件的安装与连接、叠合楼板施工等四个分项工程。分项工程的验收均应按照现行国家标准《建筑工程施工质量验收统一标准》(GB 50300)及相关规范执行，并且所有验收文件需存档备案。

7.3　免支撑施工钢筋混凝土框架结构安装施工的流程

免支撑施工钢筋混凝土框架结构安装施工的流程包括装配式基础的安装、叠合梁柱的安装、叠合楼板的施工、墙板的施工、内外墙的装饰施工、水电安装等。免支撑施工钢筋混凝土框架结构的具体施工流程如下。

(1)免支撑施工钢筋混凝土框架结构的构件准备。

检查现场要安装的所有结构构件是否符合设计要求，检查过程中要按照设计施工图纸的要求对每一个结构构件进行检查，检查要施工的构件是否符合设计的要求、要施工的构件是否齐全、构件在运输过程中是否有破损、堆放是否合理、起吊的吊钩是否结实可靠等。

(2)施工工具的准备。

检查施工时所用吊车是否满足构件起吊的重量，吊具是否符合施工要求。需要准备的施工工具如下：起吊的钢丝绳、缆风绳、斜支撑、钢筋定位板、连接件、吊装区域的警示标志、复核控制线、垫块等。

(3)装配式基础施工。

装配式基础施工如图 7-10 所示。

图 7-10　装配式基础施工

(4)叠合梁柱安装施工。

叠合梁柱安装施工如图 7-11 所示。

图 7-11　叠合梁柱安装施工

(5)叠合楼板施工。

叠合楼板施工如图 7-12 所示。

(6)装配式墙板施工。

装配式墙板施工如图 7-13 所示。

(7)内外墙装饰施工。

内外墙装饰施工如图 7-14 所示。

图 7-12　叠合楼板施工

图 7-13　装配式墙板施工

图 7-14　内外墙装饰施工

(8)质量验收。

每个构件在安装完成之后,项目质量工程师必须对每个安装项目的标高及方向进行实测验收,并对所有的安装指标数据进行验收。当所有的项目质量验收完成后,再按照相应的建筑施工规范进行整体的施工验收,收集整理好所有施工验收文件,准备进行最后的整个建筑的验收。质量验收如图 7-15 所示。

图 7-15　质量验收

普通高等学校“十四五”规划数字装配式建筑系列教材

装配式钢筋混凝土
框架结构免支撑施工设计基础
培训手册

主编◎苏　江　宝鼎晶（学校）
邹芝芳（企业）

主审◎郭保生　袁富贵（学校）
丁光富（企业）

华中科技大学出版社
中国·武汉

目　录

一、装配式钢筋混凝土框架结构免支撑施工设计基础项目介绍 …………………………… 1
二、装配式钢筋混凝土框架结构免支撑施工设计基础教学计划 …………………………… 4
三、装配式钢筋混凝土框架结构免支撑施工设计基础教学大纲 …………………………… 7
四、装配式钢筋混凝土框架结构免支撑施工设计基础课程大纲基本内容 ………………… 14

一、装配式钢筋混凝土框架结构免支撑施工设计基础项目介绍

1. 圣堡 PHF 建筑体系的发展前景

我国装配式建筑发展了近 70 年，从手工作业到机械化生产、从借鉴到自我创新、经历高潮也经历过低谷。20 世纪 50 年代，我国借鉴苏联和东欧各国的经验开始在国内推行装配式建筑，国内工业建设热情高涨，以混凝土结构为主的装配式建筑得到快速发展。20 世纪 80 年代，由于抗震性能差，防水、隔音等问题的出现，装配式建筑发展进入了低谷期。进入 21 世纪，在“环保趋严＋劳动力紧缺”背景下，装配式建筑迎来了发展新契机。2013 年以后，中央及地方政府持续出台相关政策大力推广装配式建筑，加之装配式技术日趋成熟，形成了如装配式框架结构、装配式剪力墙结构等多种形式的装配建筑技术，我国装配式建筑行业进入快速发展新阶段。在制造业转型升级的大背景下，中央层面持续出台相关政策推进装配式建筑行业的发展。2016 年是我国装配式建筑开局之年，当年 9 月国务院办公厅发布的《关于大力发展装配式建筑的指导意见》中指出要多层面、多角度的发展装配式建筑行业。近几年，一系列政策的颁布，从行业规范、项目扶持、技术监督体系建设等方面也加快了我国装配式建筑行业的发展。

2021 年 10 月，《中共中央 、国务院关于完整准确全面贯彻新发展理念做好碳达峰碳中和工作的意见》提出到 2025 年非化石能源消费比重达到 20%左右；2030 年，非化石能源消费比重达到 25%左右；2060 年，非化石能源消费比重达到 80%以上，顺利实现碳中和。装配式建筑作为一种新型建造方式，可以推动传统建筑业从分散、落后的手工业生产方式，跨越到以现代技术为基础的社会化大工业生产方式，有利于实现“提高质量、提高效率、减少人工、节能减排”的“两提两减”目标，从而提高劳动生产率，改善作业环境，降低对劳动力依赖，提升建筑业对实现“碳达峰、碳中和”目标的贡献度。推进装配式建筑是我国实现整个建筑行业升级转型和可持续发展的必由之路。

2. 圣堡 PHF 建筑体系施工设计基础培训的目的和适用性

装配式建筑按照结构形式可以划分为装配式框架结构、装配式剪力墙结构、装配式框架-剪力墙结构以及装配式框架-筒体结构等。其中装配式框架结构一般由预制柱、预制梁、预制楼板、预制楼梯等构件组成，由于该类结构传力路径明确、装配效率高、现浇湿作业量少，是最适合进行预制装配化的结构形式之一，尤其适用于公共建筑、工业建筑及多层住宅建筑等领域。

目前，应用最为广泛的装配式框架结构为装配整体式混凝土框架结构体系，其框架柱一般采用全预制柱，框架梁采用叠合梁，上、下层柱的纵筋采用套筒灌浆连接、浆锚搭接或

机械连接等形式，梁柱节点区混凝土采用现场浇筑。该体系的总体建造成本较低，但现场需设置施工临时支撑及模板，湿作业量较大，施工周期较长。

钢框架结构也是装配式框架结构的主要形式，其框架柱一般采用矩形钢管柱或 H 形钢柱，也可采用异形组合柱截面，钢梁一般采用工字形截面，梁柱连接可采用带短梁、翼缘焊接腹板栓接或全焊接的连接形式。该类体系虽然施工周期短，但需采取防火、防腐措施，且建造成本较高。

PHF 建筑体系为一种全新的装配式建筑体系，它综合了装配整体式混凝土框架结构体系和钢框架结构体系的优点，采用了钢梁或带钢连接头的预制混凝土梁（也称混合梁）、预制混凝土柱、型钢混凝土柱或钢管混凝土柱等构件。PHF 建筑体系对已有各类装配式框架结构体系进行了优化和改进，提出连接节点优化方案，实现了施工的免支撑、免模板，安装过程简单快捷，降低了建造成本，提高了施工速度，为我国推进装配式建筑发展做出积极贡献。PHF 建筑体系的市场前景如图 1 所示。

市场前景

邀您一起实现梦想
万亿级市场
再遇20年前的地产红利期

代替传统框架&钢结构体系的优选方案

—— PHF建筑体系在9层以下建筑市场拥有低成本，高效率优势 ——

图 1　PHF 建筑体系市场前景

3. 学习地点

学习地点设在粤港澳大湾区装配式建筑技术培训中心，培训中心配有现代化电教室、投影仪、三维 VR 虚拟仿真室、云平台、实体建筑样板等设施。

4. 培训模式

遵照标准化、正规化、一体化、实用化的培训理念，采用理论、实训、实操相融合，脱产和业余任选择的培训模式。

5. 教师团队

由广东白云学院及粤港澳大湾区装配式建筑技术培训中心的教授、专家和企业的工程师共同组成联合教师团队，开展湖南圣堡住宅工业有限公司产品施工设计的基础培训。授课教师有：郭保生（教授）、袁富贵（副教授）、陈洪艳（高工）、苏江（高工）、张宏宇（高工）、宝鼎晶（讲师）、唐艳（高工）、赵蓓蕾（讲师）、查后香（高工）、谭紫（讲师）等。

6. 发证

培训合格后，由广东白云学院、粤港澳大湾区装配式建筑技术培训中心、中国建筑科学研究院圣堡建筑集团有限公司联合颁发培训合格证书。

二、装配式钢筋混凝土框架结构免支撑施工设计基础教学计划

课程名称	装配式钢筋混凝土框架结构免支撑施工设计基础		培训班级	2022	
专业	土木工程	班级		层次	本科
本课程开课时间		本课程总学分	2	本学期学分	2
本学期教学周数	8 周	讲授	20 学时	实验(践)	8 学时
习题(讨论)	2 学时	机动	2 学时	总计	32 学时
主教材名称	《装配式钢筋混凝土框架结构免支撑施工设计基础》			主编	苏江、宝鼎晶、邹芝芳
出版社	华中科技大学出版社				

参考资料	书名	主编	出版社
	装配整体式钢连接混合框架结构节点构造	中国建筑科学研究院有限公司	中国建筑工业出版社
	装配式混凝土结构连接节点构造(框架)	中国建筑科学研究院有限公司	中国建筑工业出版社

说　明

按照粤港澳大湾区装配式建筑技术培训中心培训教学质量的要求，贯彻以学生为中心的理念，坚持“面向校园”“面向专业”“面向职业”的原则。全部教学内容包括：引言；梁柱插入式螺栓拼接节点；预制混凝土梁柱的钢结构榫卯连接；免支撑施工混凝土结构连接单元的构造；免支撑施工装配式钢筋混凝土叠合楼板；免支撑施工钢筋混凝土框架结构梁柱设计；免支撑施工钢筋混凝土框架结构的生产与施工等 7 个章节的内容。

考核方案

序号	考核项目	权重	评价标准	考核时间
1	出勤	10%	全勤：100 分；迟到扣 10 分/次，旷课 25 分/次	1～8 周
2	课堂回答问题及作业	20%	课堂上回答教授问题的准确性和课堂作业正确性	1～8 周
3	期中阶段性测验	20%	检查期中阶段的学习情况	6 周

续表

序号	考核项目	权重	评价标准	考核时间
4	期末课程考查(圣堡 PHF 建筑施工组织报告)	50%	综合知识达到教学大纲要求,依照合理性评定	8周

注:1.培训教学计划依据培训大纲制订授课计划;2.本计划由主讲教师填写,一式三份,经培训部主任签字后送教务处一份,培训部一份,主讲教师一份;3.考核项目的类型不少于3个;4.综合性考核类型为笔试的。

主讲教师:____________ 培训部主任:____________

年 月 日

教学进度安排表

周次	课次	教学内容 (章节号、课题名称)	学时	授课方式	课外作业	备注
1	1	第1章 引言 1.1 装配式钢筋混凝土框架结构免支撑施工技术原理 1.2 装配式钢筋混凝土框架结构免支撑施工技术特点 1.3 装配式钢筋混凝土框架结构免支撑施工技术应用前景	2	理论授课		
1	2	第2章 梁柱插入式螺栓拼接节点 2.1 梁柱插入式螺栓拼接节点结构原理 2.2 梁柱插入式螺栓拼接节点的组成及受力分析 2.3 梁柱插入式螺栓拼接节点生产工艺	2	理论授课		
2	3	案例讲解	2	实践教学		
2	4	第3章 预制混凝土梁柱的钢结构榫卯连接 3.1 榫卯结构的连接原理 3.2 预制混凝土梁柱的钢结构榫卯连接技术	2	理论授课		
3	5	案例讲解	2	实践教学		
3	6	第4章 免支撑施工混凝土结构连接单元的构造 4.1 梁头连接单元 4.2 主次梁连接单元 4.3 柱脚连接单元	2	理论授课		
4	7~8	案例讲解	4	实践教学		
5	9~10	第5章 免支撑施工装配式钢筋混凝土叠合楼板 5.1 免支撑施工叠合楼板的构造要求 5.2 免支撑施工叠合楼板的受力 5.3 免支撑施工叠合楼板的生产	4	理论授课		

续表

周次	课次	教学内容 （章节号、课题名称）	学时	授课方式	课外作业	备注
6	11～12	案例讲解	4	实践教学		
7	13	第 6 章　免支撑施工钢筋混凝土框架结构梁柱设计 6.1　免支撑施工钢筋混凝土框架梁的设计 6.2　免支撑施工钢筋混凝土框架柱的设计 6.3　免支撑施工钢筋混凝土框架梁柱节点的设计	2	理论授课		
7	14	案例讲解	2	实践教学		
8	15	第 7 章　免支撑施工钢筋混凝土框架结构的生产与施工 7.1　免支撑施工钢筋混凝土框架结构的生产 7.2　免支撑施工钢筋混凝土框架结构的施工 7.3　免支撑施工钢筋混凝土框架结构安装施工的流程	2	理论授课		
8	16	案例讲解	2	实践教学		

三、装配式钢筋混凝土框架结构免支撑施工设计基础教学大纲

1. 课程描述

《装配式钢筋混凝土框架结构免支撑施工设计基础》是土木工程专业的一门专业课，以混凝土结构原理与设计、钢结构原理与设计为基础，结合土木工程施工技术与组织、工程项目管理等应用为研究对象的一门综合性、实践性较强的课程，对培养学生具备免支撑施工钢筋混凝土框架结构建筑从业技术人员的设计、施工、管理等能力具有重要作用，也是服务于应用型本科人才培养目标的一门重要课程。

通过本课程的学习，了解圣堡 PHF 建筑体系的技术原理、特点和应用前景；梁柱插入式螺栓拼接节点；预制混凝土梁柱的钢结构榫卯连接；免支撑施工混凝土连接单元的构造；免支撑施工装配式钢筋混凝土叠合楼板；免支撑施工钢筋混凝土框架结构梁柱设计；免支撑施工钢筋混凝土框架结构的生产与施工；圣堡 PHF 建筑施工组织和施工安全管理等。学生初步具备免支撑施工钢筋混凝土框架结构建筑从业技术人员的能力，为今后从事装配式建筑项目的设计、施工和管理打下基础、做好准备。

2. 前置课程

前置课程详见表 1。

表 1　前置课程说明

课程代码	课程名称	与课程衔接的重要概念、原理及技能
U0604197	混凝土结构原理	钢筋混凝土结构的设计原理和方法，混凝土结构常用的规范、标准，以及对材料性能的要求
U0602369	钢结构原理与设计	钢结构的设计原理和方法，钢结构常用的规范、标准，以及钢结构对材料性能的要求
U0603238	土木工程施工技术与组织	施工组织的基本原则，施工准备工作及施工组织设计

3. 课程目标与专业人才培养规格的相关性

课程目标与专业人才培养规格的相关性详见表 2。

表 2　课程目标与专业人才培养规格的相关性

课程总体目标	相关性
知识目标：掌握圣堡 PHF 建筑体系基础知识；掌握圣堡 PHF 建筑体系深化设计内容与图纸编制；掌握圣堡 PHF 建筑体系制作工艺流程与质量管理控制；掌握圣堡 PHF 建筑体系的施工安装工艺；掌握圣堡 PHF 建筑体系施工方案编制和安全管理的方法	C
能力目标：培养学生运用圣堡 PHF 建筑体系结构施工安装工艺及技术，进行圣堡 PHF 建筑体系结构项目的施工方案编制和安全管理；具有工程实践所需技术、技巧及使用工具的能力；初步具有涵盖设计、生产、施工、验收、运营维护的建筑全生命周期圣堡 PHF 建筑体系工程实施的能力	C
素养目标：培养学生养成一个工程技术人员必须具备的坚持不懈的学习精神、严谨治学的科学态度和积极向上的价值观；培养学生认清建筑行业的发展与动态的能力；培养学生的职业道德、敬业精神和社会责任感；培养学生团队协作精神和人际沟通能力	A/B
专业人才培养规格	
具有良好的政治素质、文化修养、职业道德、服务意识、健康的体魄和心理	A
具有较强的语言文字表达、收集处理信息、获取新知识的能力；具有良好的团结协作精神和人际沟通、社会活动等基本能力	B
熟练掌握施工图设计程序，具备较强工程设计能力	C

4. 课程考核方案

(1)考核类型：考查。

(2)考核形式：理论与实践相结合。

5. 具体考核方案

具体考核方案详见表 3。

表 3　考核方案

序号	考核项目	权重	评价标准	考核时间
1	出勤(学习参与类)	10%	全勤：100 分；迟到扣 10 分/次，旷课 25 分/次	1～8 随堂
2	作业完成情况(学习参与类)	20%	3 次作业	第 2、4、7 周
3	期中口头报告(阶段性测验类)	20%	小结性口头报告，100 分。准备充分：15%；表达清楚：15%；收获体会及问题：70%	第 6 周
4	结业考核	50%	综合知识达到教学大纲要求，依照合理性评定，颁发合格证书	第 8 周

培训合格后，由广东白云学院、粤港澳大湾区装配式建筑技术培训中心、中国建筑科学研究院圣堡建筑集团有限公司联合颁发培训合格证书。

6. 课程教学安排

课程教学安排详见表 4。

表 4　课程教学安排

序号	教学模块	模块目标	教学单元	单元目标	课时	教学策略	学习活动	学习评价
1	第 1 章引言和第 2 章梁柱插入式螺栓拼接节点	**知识目标**：了解圣堡 PHF 建筑体系特点。**能力目标**：掌握圣堡 PHF 建筑体系。**素养目标**：增强学生对圣堡 PHF 建筑体系的学习兴趣	圣堡 PHF 建筑体系的特点及发展过程中存在的问题及对策	**知识目标**：了解圣堡 PHF 建筑体系的特点。**能力目标**：了解发展圣堡 PHF 建筑体系的意义。**素养目标**：认识圣堡 PHF 建筑体系的重要性	2	问题引入、案例分析求证	1. 课堂问答；2. 利用网络查找免支撑施工钢筋混凝土框架结构的特点	学生自我阐述，老师点评
2			圣堡 PHF 建筑体系的各个系统	**知识目标**：掌握圣堡 PHF 建筑体系。**能力目标**：掌握圣堡 PHF 建筑体系各个系统的特点。**素养目标**：养成一丝不苟的习惯	2	问题引入、案例分析求证	1. 课堂问答；2. 利用网络查找免支撑施工钢混框架结构体系的特点	

续表

序号	教学模块	模块目标	教学单元	单元目标	课时	教学策略	学习活动	学习评价
3	第3章 预制混凝土梁柱的钢结构榫卯连接	**知识目标：**了解钢结构榫卯连接原理。**能力目标：**掌握钢结构榫卯连接原理。**素养目标：**增强学生进行圣堡PHF建筑体系结构深化设计的兴趣	圣堡PHF建筑体系结构深化设计介绍	**知识目标：**了解圣堡PHF建筑体系结构深化设计内容。**能力目标：**掌握圣堡PHF建筑体系结构深化设计方法。**素养目标：**增强学生进行圣堡PHF建筑体系结构深化设计的兴趣	2	问题引入、案例分析求证	1. 课堂问答；2. 学习圣堡PHF建筑体系结构深化设计案例	学生自我阐述，老师点评
4			案例讲解	**知识目标：**了解圣堡PHF建筑体系结构深化设计内容。**能力目标：**掌握圣堡PHF建筑体系结构深化设计方法。**素养目标：**增强学生进行圣堡PHF建筑体系结构深化设计的兴趣	2	实践强化	1. 课堂问答；2. 学习圣堡PHF建筑体系结构深化设计案例	学生自我阐述，老师点评
5	第4章 免支撑施工混凝土结构连接单元的构造	**知识目标：**了解主次梁连接单元构造 **能力目标：**掌握主次梁连接单元的构造 **素养目标：**增强学生对节点构造的理解能力	主次梁连接单元的构造	**知识目标：**了解主次梁连接单元构造。**能力目标：**掌握主次梁连接单元的构造。**素养目标：**学生养成勇于实践、敢于创新的精神	2	问题引入、分析讨论	1. 课堂问答；2. 学习案例	学生自我阐述，老师点评
6			柱脚连接单元的构造	**知识目标：**了解柱脚连接单元的构造。**能力目标：**掌握柱脚连接单元的构造原理。**素养目标：**学生养成勇于实践、敢于创新的精神	2	问题引入、分析讨论	1. 课堂问答；2. 学习案例	学生自我阐述，老师点评

续表

<table>
<tr><th>序号</th><th>教学模块</th><th>模块目标</th><th>教学单元</th><th>单元目标</th><th>课时</th><th>教学策略</th><th>学习活动</th><th>学习评价</th></tr>
<tr><td>7～8</td><td>案例讲解</td><td rowspan="3">知识目标：圣堡 PHF 建筑体系乡村别墅结构安装各部分安装工艺。
能力目标：掌握乡村别墅结构的安装工艺。
素养目标：学生养成勇于实践、敢于创新的精神和发现问题、总结问题的习惯</td><td>圣堡 PHF 建筑体系乡村别墅结构埋件、钢柱、钢梁、组合楼板、栓钉安装工艺</td><td>知识目标：圣堡 PHF 建筑体系乡村别墅结构各部分安装工艺。
能力目标：掌握圣堡 PHF 建筑体系乡村别墅结构安装工艺的特点和难点。
素养目标：学生养成勇于实践、敢于创新的精神</td><td>4</td><td>问题引入、案例分析求证</td><td>1. 课堂问答；
2. 学习圣堡 PHF 建筑体系乡村别墅结构安装案例</td><td>学生自我阐述，老师点评</td></tr>
<tr><td>9～10</td><td>第 5 章 免支撑施工装配式钢筋混凝土叠合楼板</td><td>圣堡 PHF 建筑体系工业厂房结构安装支撑、地面预拼、桁架施工工艺</td><td>知识目标：圣堡 PHF 建筑体系工业厂房结构的各部分安装工艺。
能力目标：掌握圣堡 PHF 建筑体系工业厂房结构安装工艺。
素养目标：学生养成勇于实践、敢于创新的精神</td><td>4</td><td>问题引入、案例分析求证</td><td>1. 课堂问答；
2. 学习圣堡 PHF 建筑体系工业厂房结构案例</td><td>学生自我阐述，老师点评</td></tr>
<tr><td>11～12</td><td>案例讲解</td><td>案例讲解</td><td>知识目标：圣堡 PHF 建筑体系工业厂房结构各部分安装工艺。
能力目标：掌握圣堡 PHF 建筑体系工业厂房结构安装工艺及重点难点。
素养目标：培养学生发现问题、总结问题的习惯</td><td>4</td><td>案例分析求证</td><td>视频学习圣堡 PHF 建筑体系安装案例</td><td>小组讨论，老师点评</td></tr>
</table>

续表

序号	教学模块	模块目标	教学单元	单元目标	课时	教学策略	学习活动	学习评价
13	第6章 免支撑施工钢筋混凝土框架结构梁柱设计	**知识目标**：了解免支撑施工钢筋混凝土框架梁的设计。 **能力目标**：掌握免支撑施工钢筋混凝土框架梁的设计。 **素养目标**：学生养成良好的团队合作精神和发现问题、总结问题的习惯	免支撑施工钢筋混凝土框架梁的设计	**知识目标**：了解免支撑施工钢筋混凝土框架梁的设计。 **能力目标**：掌握免支撑施工钢筋混凝土框架梁的设计。 **素养目标**：学生养成良好的团队合作和勇于实践、敢于创新的精神	2	问题引入、分析讨论	1. 课堂问答； 2. 学习案例	小组讨论，老师点评
14	案例讲解		免支撑施工钢筋混凝土框架柱的设计	**知识目标**：了解免支撑施工钢筋混凝土框架柱的设计。 **能力目标**：掌握免支撑施工钢筋混凝土框架柱的设计。 **素养目标**：学生养成良好的团队合作和勇于实践、敢于创新的精神	2	实践强化	学习圣堡PHF建筑体系免支撑施工钢筋混凝土框架柱的设计案例	学生自我阐述，老师点评
15	第7章 免支撑施工钢筋混凝土框架结构的生产与施工		免支撑施工钢筋混凝土框架结构的生产	**知识目标**：了解圣堡PHF建筑体系施工部署及进度计划安排。 **能力目标**：掌握圣堡PHF建筑体系施工组织报告的编制。 **素养目标**：学生养成良好的团队合作和勇于实践、敢于创新的精神	2	问题引入、分析讨论	1. 课堂问答； 2. 学习案例	小组讨论，老师点评

续表

序号	教学模块	模块目标	教学单元	单元目标	课时	教学策略	学习活动	学习评价
16	案例讲解	**知识目标**：了解免支撑施工钢筋混凝土框架梁的设计。 **能力目标**：掌握免支撑施工钢筋混凝土框架梁的设计。 **素养目标**：学生养成良好的团队合作精神和发现问题、总结问题的习惯	圣堡 PHF 建筑体系施工组织报告汇报	**知识目标**：学习圣堡 PHF 建筑体系施工组织及安全管理的基本知识。 **能力目标**：掌握圣堡 PHF 建筑体系施工组织报告的编制。 **素养目标**：学生养成良好的团队合作精神和勇于实践、敢于创新的精神	2	实践强化	学习圣堡 PHF 建筑体系施工组织报告案例	学生自我阐述，老师点评

四、装配式钢筋混凝土框架结构免支撑施工设计基础课程大纲基本内容

第1章　引言

1.基本内容
1.1　装配式钢筋混凝土框架结构免支撑施工技术原理
1.2　装配式钢筋混凝土框架结构免支撑施工技术特点
1.3　装配式钢筋混凝土框架结构免支撑施工技术应用前景
2.重点:装配式钢筋混凝土框架结构免支撑施工技术原理
3.难点:装配式钢筋混凝土框架结构免支撑施工技术特点
4.授课方式:理论教学＋案例分析

第2章　梁柱插入式螺栓拼接节点

1.基本内容
1.1　梁柱插入式螺栓拼接节点结构原理
1.2　梁柱插入式螺栓拼接节点的组成及受力分析
1.3　梁柱插入式螺栓拼接节点生产工艺
2.重点:梁柱插入式螺栓拼接节点结构原理
3.难点:梁柱插入式螺栓拼接节点的组成及受力分析
4.授课方式:理论教学＋案例分析

第3章　预制混凝土梁柱的钢结构榫卯连接

1.基本内容
1.1　榫卯结构的连接原理
1.2　预制混凝土梁柱的钢结构榫卯连接技术
2.重点:榫卯结构的连接原理
3.难点:预制混凝土梁柱的钢结构榫卯连接技术
4.授课方式:理论教学＋案例分析

第4章　免支撑施工混凝土结构连接单元的构造

1.基本内容

1.1 梁头连接单元
1.2 主次梁连接单元
1.3 柱脚连接单元
2.重点:梁头连接单元、主次梁连接单元和柱脚连接单元构造
3.难点:梁头连接单元、主次梁连接单元和柱脚连接单元构造
4.授课方式:理论教学+案例分析

第5章 免支撑施工装配式钢筋混凝土叠合楼板

1.基本内容
1.1 免支撑施工叠合楼板的构造要求
1.2 免支撑施工叠合楼板的受力
1.3 免支撑施工叠合楼板的生产
2.重点:免支撑施工叠合楼板的构造要求
3.难点:免支撑施工叠合楼板的受力
4.授课方式:理论教学+案例分析

第6章 免支撑施工钢筋混凝土框架结构梁柱设计

1.基本内容
1.1 免支撑施工钢筋混凝土框架梁的设计
1.2 免支撑施工钢筋混凝土框架柱的设计
1.3 免支撑施工钢筋混凝土框架梁柱节点的设计
2.重点:免支撑施工钢筋混凝土框架梁、柱和梁柱节点设计
3.难点:免支撑施工钢筋混凝土框架梁、柱和梁柱节点设计
4.授课方式:理论教学+案例分析

第7章 免支撑施工钢筋混凝土框架结构的生产与施工

1.基本内容
1.1 免支撑施工钢筋混凝土框架结构的生产
1.2 免支撑施工钢筋混凝土框架结构的施工
1.3 免支撑施工钢筋混凝土框架结构安装施工的流程
2.重点:免支撑施工钢筋混凝土框架结构的生产
3.难点:免支撑施工钢筋混凝土框架结构的施工
4.授课方式:理论教学+案例分析